Spice Curry

한정 판매 레시피
줄 서서 먹는 성북동 「카레」의

열두 달 Spice Curry 향신료 카레

김민지 지음

세미콜론

Prologue

향신료 카레를 사랑하는 사람들을 위해,
그리고 향신료 카레를 사랑하는 사람들이 더 많아졌으면
하는 마음에 이 책을 만들게 되었습니다.

그동안 성북동 '카레'를 찾아 준 분들이 사랑했던,
천연 향신료를 이용해 만드는 본격적인 카레를 소개합니다.

무엇이든 첫걸음을 떼기가 가장 힘든 법입니다.
향신료 카레가 생소하고 어려워 보일 수도 있겠지만,
필요한 향신료들을 한 번 갖추고 나면
다양한 종류의 향신료 카레를 수십 번 끓일 수 있답니다.

향신료 카레 레시피는 기본적으로 아래 네 가지 과정이
반복됩니다.

"향신료 기름을 내고,
양파를 볶고,
향신료 가루를 더하고,
충분히 끓이기."

이 공식을 한 번만 깨치고 나면, 향신료 카레 만드는 일이
더는 어렵게 느껴지지 않을 거예요.

부디 이 책에서 소개하는 향신료 카레들을
시도하고 맛보는 분들 모두에게
새로운 미각의 세계가 열리기를 기원합니다.

'카레'
김민지

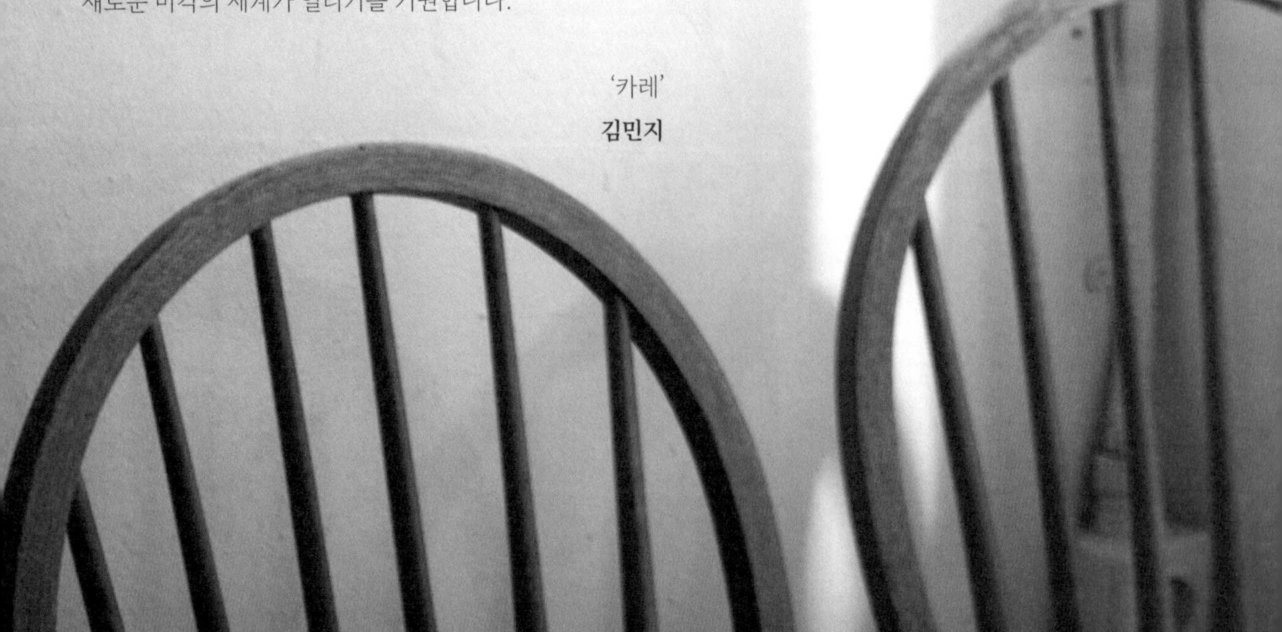

To. 카레v
늘 건강하고 행복하세요.
e said that
PLACE STAMP HERE
butter

카레 만드는 사람

Contents

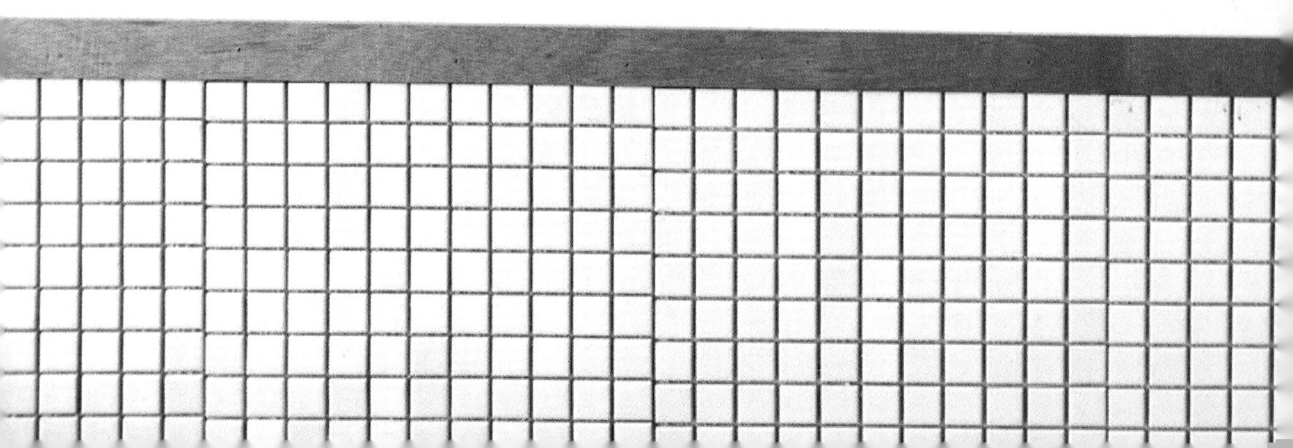

향신료 소개

향신료 소개 1

홀 스파이스

홀 스파이스whole spice는 분쇄하지 않고 통으로 쓰는 향신료를 지칭합니다.
주로 카레의 시작 단계에서 향신료 기름을 낼 때 사용합니다.

시나몬 스틱 실론 시나몬 스틱을 사용합니다. 달콤한 향을 지녔으며, 일반 통계피보다 고급스러운 풍미를 자랑합니다. 구하기 쉬운 일반 통계피로도 대체할 수 있지만, 실론 시나몬 스틱을 사용하면 훨씬 섬세한 향을 낼 수 있습니다.

클로브 '정향'이라고도 불리는 향신료입니다. 아주 작은 꽃대에 달린 꽃봉오리까지 통째로 말렸습니다. 달콤하면서 진한 맛이 특징이에요. 한 번 구입해 두면 향신료 카레뿐만 아니라 각종 고기 요리, 뱅쇼, 차이티, 심지어 베이킹에도 두루두루 쓸 수 있는 향신료입니다.

카르다몸 피스타치오 같은 색과 형태를 띠는 향신료입니다. 연둣빛 껍질 안쪽으로는 검은색의 작은 씨앗들로 가득 차 있습니다. 달콤한 향과 함께 생강처럼 시원하고 강렬한 맛을 냅니다. 커다란 검은색 껍질을 지닌 블랙 카르다몸과는 향과 쓰임새가 완전히 다른 향신료입니다. 이 책에서 카르다몸은 일반적으로 그린 카르다몸을 지칭합니다.

커민 시드 흔히 양꼬치를 먹을 때 곁들이는 '쯔란'이라는 이름의 향신료가 바로 커민입니다. 카레는 물론 중동 요리, 멕시칸 요리를 할 때도 중심이 되는 향을 내는 향신료입니다.

머스터드 시드 겨자씨에도 다양한 종류와 형태가 있습니다. 여기서는 옐로 머스터드 시드가 아닌, 색이 짙은 브라운 머스터드 시드를 사용합니다. 기름에 가열했을 때 머스터드 시드가 지닌 맛과 향이 최대로 발현되지요. 아주 촘촘하게 작은 것도 있고 들깨 정도 크기도 있으나 취향껏 선택하면 됩니다. 알이 굵을수록 톡톡 터지는 맛이 좋습니다. 돌 같은 이물질이 섞여 있을 수 있으니 사용 전 잘 골라내세요.

펜넬 시드 커민 시드와 비슷한 모양을 하고 있지만, 조금 더 통통하고 시원한 향을 냅니다. 인도나 네팔의 식당에서는 식후 구취 제거와 소화 촉진을 위해 카운터 옆에 펜넬 시드를 두기도 합니다. 주로 산뜻한 맛이 필요한 카레에 씁니다.

페뉴그릭 시드 '호로파 씨'로도 불리는, 녹두와 비슷한 모양새를 한 향신료입니다. 기름에 가열하면 독특한 단맛이 납니다. 카레의 종류에 따라 소량 사용합니다.

팔각 스타 아니스Star Anise라고도 불리는 별 모양의 향신료입니다. 이름에서 알 수 있듯 여덟 갈래로 나뉜 별과 같은 형태를 하고 있습니다. 중국 요리나 베트남 요리에서 흔히 쓰며, 적은 양으로도 충분한 향을 냅니다.

통후추 통후추는 색에 따라 종류가 나뉘는데, 여기서는 일반적인 검은색의 통후추를 사용합니다.

레드 칠리 매운맛이 강한 말린 고추입니다. 건고추를 기준으로 하며 베트남 고추, 태국 고추, 카이엔 페퍼, 페퍼론치노 등 구하기 쉬운 것을 사용하면 됩니다. 다만 매운맛의 강도는 고추의 종류마다 다르므로 주의하세요.

메이스 너트메그(육두구)의 껍질을 말린 것으로, 너트메그 특유의 그윽하고 고소하면서도 쓰고 매운 향과 비슷하지만 조금 더 부드럽고 단맛이 납니다. 소량으로도 따뜻하고 복합적인 향을 연출합니다.

향신료 소개 2

파우더 스파이스

파우더 스파이스powder spice는 가루 형태로 분쇄한 향신료를 뜻합니다.
카레를 만드는 중간 과정에서 카레 페이스트를 만들 때 주로 사용합니다.

코리앤더 파우더 동그란 고수 씨를 말린 뒤 분쇄한 것으로, 카레를 만들 때 가장 많이 쓰는 향신료입니다. 고수라고 해서 놀라는 분들도 있겠지만, 흔히 피클을 만들 때 사용하는 '피클링 스파이스'에도 홀 스파이스 형태로 들어 있는 향신료랍니다. 코리앤더의 신선한 향을 확실하게 발현하고 싶다면 홀 스파이스 형태의 코리앤더 시드를 구입한 후 그때그때 갈아서 사용하세요.

커민 파우더 커민 시드를 분쇄한 것으로, 홀 스파이스 형태의 커민 시드를 갈아서 바로 사용하는 것이 가장 신선하고 향이 분명합니다. 물론 간편하게 분쇄된 것을 사용해도 됩니다.

강황 파우더 생강과 비슷한 향이 나는 노란빛의 향신료입니다. 카레 하면 대표적으로 떠올리는 향신료이기도 하지만, 너무 많은 양을 쓰면 텁텁한 쓴맛이 나므로 소량만 사용합니다.

가람 마살라 가람Garam은 '매운', 마살라Masala는 '향신료 믹스'를 뜻합니다. 코리앤더, 카르다몸, 칠리, 커민 등 각종 향신료를 섞은 파우더로 제조사마다 들어간 향신료의 종류나 비율이 모두 다릅니다. 구하기 쉬운 것부터 시작해 다른 제조사의 것들도 조금씩 시도해 보세요.

칠리 파우더 인도산 고운 고춧가루로, 매운맛은 강렬하지만 청양고추처럼 식사 후 입안에 얼얼하게 남지는 않습니다. 강황 가루와 비슷한 정도의 아주 고운 입자를 지닙니다. 구하기 어렵다면 카이엔 페퍼 가루로 대체하거나, 고운 청양 고춧가루를 써도 좋습니다. 고추 종류에 따라 매운맛의 강도가 다르므로 유의해 주세요.

파프리카 파우더 칠리 파우더와 향은 비슷하지만 매운맛은 전혀 없습니다. 주로 붉은색이나 파프리카 향을 낼 때 씁니다. 저렴하지만 첨가물이 많은 파프리카 파우더보다는 되도록 파프리카 100% 제품을 사용하는 것이 좋습니다. 훈제 파프리카 파우더는 특유의 향이 강해 사용하지 않는 것이 좋습니다.

시나몬 파우더 시나몬을 곱게 분쇄한 가루로, 시나몬 파우더 역시 제품별로 가진 향과 맛, 입자가 다릅니다. 카레에서 시나몬 파우더는 소량 사용하지만 질 좋은 것으로 구비하길 권합니다.

후추 간편하게 순후추를 써도 좋지만, 통후추를 그때그때 갈아 쓰는 것을 추천합니다.

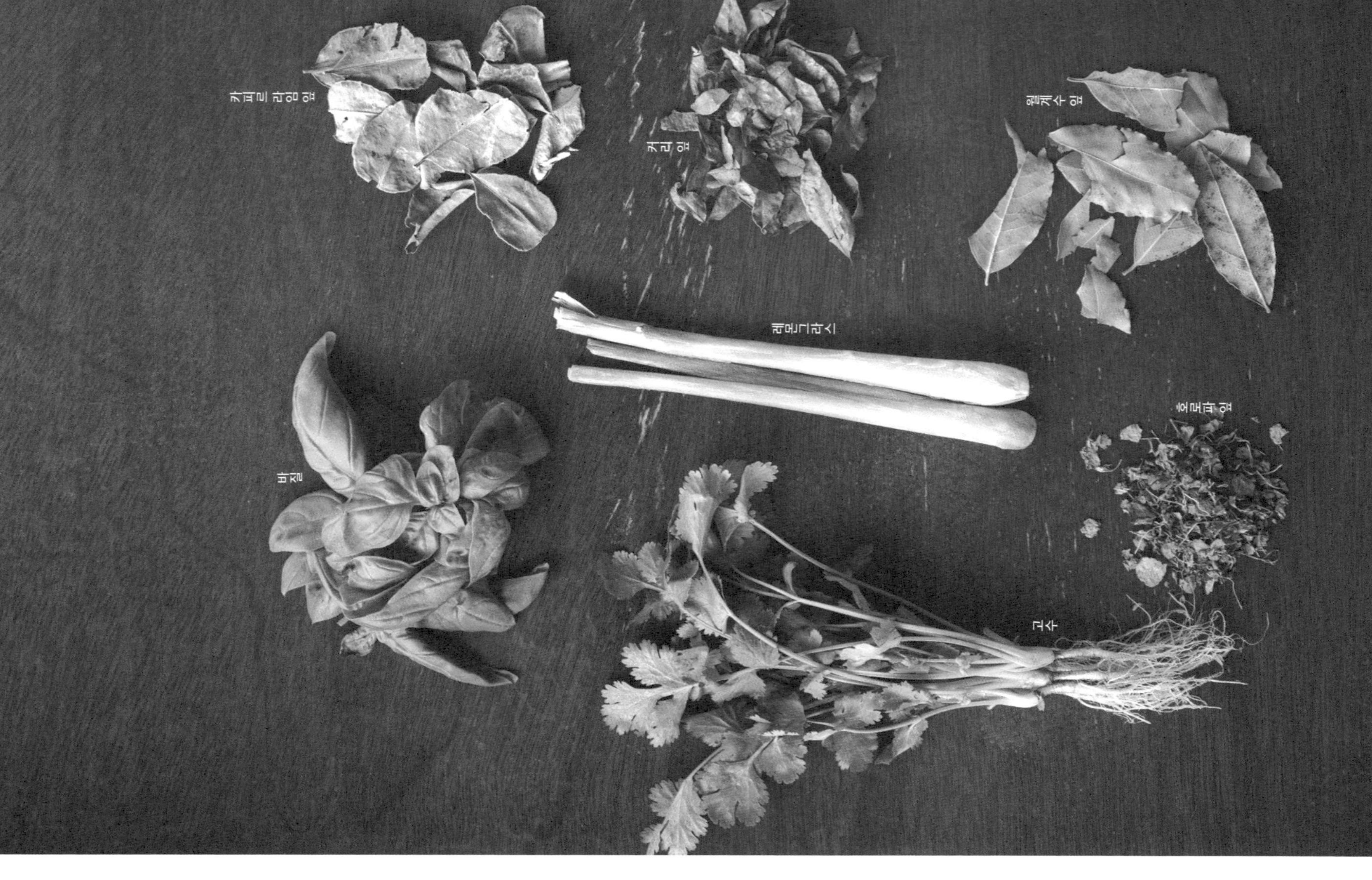

향신료 소개 3

허브류

카레의 마지막 단계에 포인트를 주거나,
태국 카레의 경우 시작 단계에서 페이스트를 만들 때 씁니다.

고수 카레와 고수는 뗄 수 없는 궁합을 자랑합니다. 고수는 카레를 끓이는 마지막 단계에서 다져 넣거나, 식사 시 조금씩 곁들여 먹습니다.

바질 주로 태국 카레를 만들 때 씁니다. 타이 바질을 구할 수 있다면 좋지만, 손쉽게 구할 수 있는 일반 바질을 써도 괜찮습니다.

월계수 잎 고기의 잡내를 제거하거나 카레에 조금 더 풍부한 향을 입히고 싶을 때 씁니다. 보통 향신료 카레를 만들 때 사용하는 월계수 잎은 양식에 쓰는 것과 다른 길쭉한 형태의 인도 월계수 잎Indian bay leaf으로, 시나몬과 유사한 향이 납니다. 취향에 따라 더 연출하고 싶은 향에 가까운 것으로, 혹은 쉽게 구할 수 있는 것으로 사용하면 됩니다. 책에 쓴 것은 일반 월계수 잎이에요.

커리 잎 신선한 커리 잎은 감귤류의 향이 나지만, 가열하면 고소한 향을 냅니다. 생채는 이태원의 외국인 식자재 마트를 제외하면 구하기 어려운 편이므로, 건조 커리 잎을 사용해도 됩니다. 신선한 향보다는 고소한 김부각 같은 향을 내며, 월계수 잎과 비교했을 때 향이 덜 거친 편입니다.

레몬그라스 태국 요리에 빠질 수 없는, 상큼한 시트러스 향이 진하게 나는 허브입니다. 말린 것은 향이 약하고 페이스트로 갈아서 사용할 수 없으므로, 되도록 신선한 것을 사용합니다. 신선한 레몬그라스를 구할 수 없다면 냉동한 것을 사용해도 됩니다.

카피르 라임 잎 카피르 라임 나무에서 자라는 잎으로, 카피르 라임과 동일한 향을 냅니다. 신선한 라임 잎을 구하기 어렵다면 말린 것을 써도 좋습니다. 다만 초록빛이 충분히 남아 있고 향이 진한 양질의 제품으로 고르세요.

호로파 잎 카수리 메티Kasuri Methi라고도 부르는 호로파 잎은, 주로 카레를 끓이는 마지막 단계에 넣습니다. 은은한 한약재와도 비슷한 향이 납니다.

갈랑가 생강과에 속하는 작물로, 외향 역시 생강과 유사하지만 생강 향과 더불어 시트러스 향과 사프란 향이 함께 납니다. 주로 동남아시아 음식에 씁니다.

들어가기 전

필요한 도구

향신료 카레를 만든다고 하면 거창한 도구가 필요하다고 느낄 수도 있습니다.
하지만 집에 흔히 갖추고 있는 요리 도구들로도 충분히 맛있는 카레를 만들 수 있습니다.

1. 웍

카레를 만드는 모든 과정은 깊이가 넉넉한 웍 형태의 팬에서 이뤄집니다. 양파를 볶아야 하므로 달라붙지 않도록 코팅이 된 제품을 사용합니다.

2. 나무 주걱

향신료와 양파를 볶을 때 사용합니다. 양 끝 모서리가 너무 각지지 않고 어느 정도 둥근 것이 사용하기 편합니다. 웍의 크기에 맞춰 사용하기 편한 길이의 주걱을 고릅니다.

3. 실리콘 주걱

양파를 볶을 때 팬 가장자리를 긁거나, 기타 재료들을 깔끔하게 정리하며 사용하기에 좋은 도구입니다. 실리콘 등급이 높은 제품을 사용해야 열에 녹지 않습니다.

4. 계량컵

액체류를 계량할 때 사용하면 편합니다. 한 컵의 용량은 계량컵에 따라 200ml에서 250ml 사이로 표기되어 있지만, 레시피에서 사용한 한 컵은 240ml입니다.

5. 계량스푼

향신료를 계량할 때 쓰는 도구입니다. 향신료의 경우 적은 양의 차이로도 맛 차이가 크게 날 수 있기 때문에, 계량스푼은 꼭 갖추길 바랍니다. 1큰술은 15ml, 1작은술은 5ml입니다.

6. 강판

마늘이나 생강을 갈 때 씁니다.

7. 막자사발 혹은 절구

홀 스파이스를 가루 형태로 갈거나, 태국 카레 페이스트를 만들 때 유용해요. 가벼운 플라스틱보다는 무게가 있는 돌로 된 사발을 쓰는 것이 좋습니다. 인도나 태국에서는 막자나 도마 위에서 커다란 밀대를 이용해 각종 향신료를 으깨어 카레를 만듭니다. 일반 믹서기보다 향신료 향을 내기에 좋습니다.

8. 푸드 프로세서

홀 스파이스를 가루로 곱게 갈 수 있을 정도의 동력을 지닌 믹서기입니다. 막자사발을 사용하는 것이 힘들다면 푸드 프로세서를 활용해 보세요.

1

2

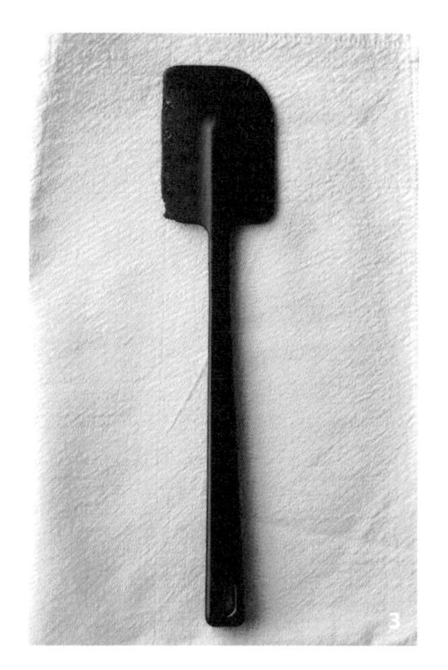
3

4

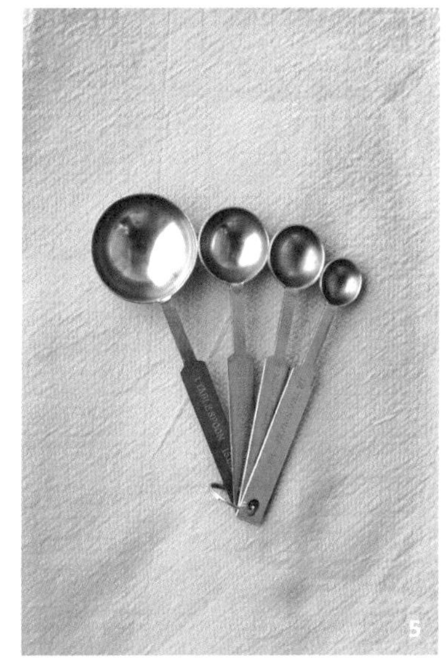
5

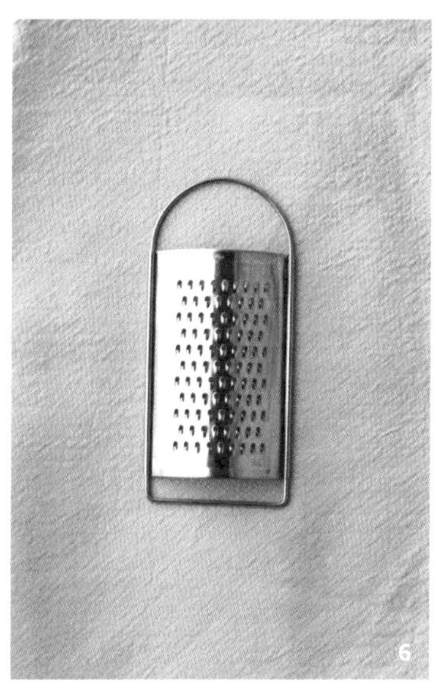
6

7

8

계량법

이 책의 레시피에 표기된 1컵은 240ml, 1큰술은 15ml, 1작은술은 5ml입니다. 일반 가정에서도 편하게 계량할 수 있도록 밥숟가락을 기준으로 했어요. 눈대중은 사진의 양을 참고하고 취향에 따라 조절하여 넣도록 합니다.

1큰술

가루류

액체류

고체/소스류

1작은술

가루류

액체류

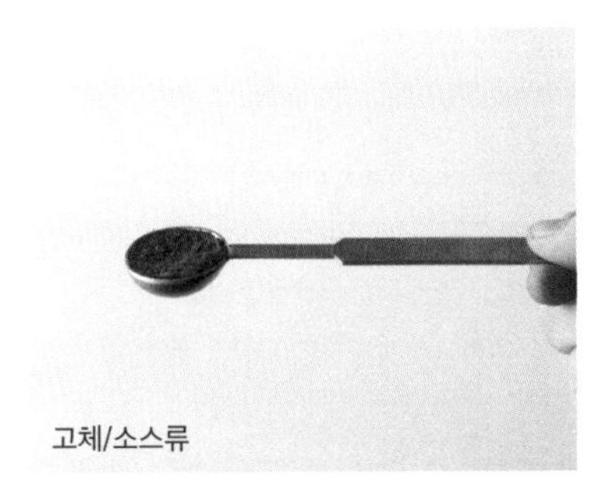
고체/소스류

1줌

1꼬집

기본 양파 볶는 법

대부분의 카레 레시피에서 사용하는 양파 볶는 법은 동일합니다.
양파 볶는 기본을 잘 익히면 언제든 맛있는 카레를 만들 수 있습니다.

1. 양파를 얇게 슬라이스합니다.

양파를 썰 때 가장 중요한 일은 물기가 많이 나오지 않도록 아주 얇게 슬라이스하는 것입니다. 너무 두껍게 썰면 제대로 볶아지지 않기 때문에 양파를 써는 과정을 반드시 신경 써 주세요. 칼질이 어렵다면 채칼을 써도 됩니다.
카레의 농도를 조금 더 되직하게 하고 싶다면 양파를 잘게 다져서 사용합니다.

2. 팬에 손질한 양파를 담고 중간 불과 센 불 사이에서 볶습니다.

양파를 볶을 때는 썰 때와 마찬가지로 물기를 제거하는 작업에 중심을 둡니다. 약한 불에서 뜸 들이듯 천천히 볶으면 시간이 오래 걸릴 뿐만 아니라 양파에서 빠져나오는 수분량도 함께 늘어납니다. 중간 불과 센 불 사이에서, 양파의 숨이 죽고 진한 갈색이 될 때까지 타지 않게 볶습니다.

3. 처음부터 열심히 뒤적이지 않아도 됩니다.

처음에는 기름과 양파의 수분 때문에 계속 섞어 주지 않아도 양파가 잘 타지 않습니다. 중간중간 가볍게 뒤적이다가, 수분이 날아가고 나면 그때부터 본격적으로 주걱을 사용해 골고루 잘 볶아 주세요.

4. 양파를 볶는 시간은 정해져 있지 않습니다.

무조건 오랜 시간 볶는 것이 정답은 아닙니다. 필요에 따라 진한 갈색, 옅은 갈색, 혹은 투명한 정도에서 멈출 수 있으며 볶음 정도는 레시피에 각각 표기되어 있습니다. 또한 화력이나 양파 양에 따라 볶는 시간은 얼마든지 달라집니다.

질문과 답변

그간 카레를 만들며 사람들이 가장 많이 궁금해했던 질문들을 모았습니다.

Q1. 향신료는 어디에서 구입하나요?

모든 향신료는 온라인 쇼핑몰(네이버쇼핑, 마켓컬리, SSG, 아이허브 등)은 물론, 대형 식자재 마트나 백화점 식품 코너에서 쉽게 구입할 수 있습니다. 온라인으로 구입할 경우 대체로 해외 식자재를 파는 쇼핑몰이 여러 품목을 다양하게 취급하므로 재료를 한 번에 구입하기 편합니다.

가능하다면 이태원에 있는 외국인 식자재 마트를 방문해 보길 추천합니다. 온라인에서 구입하기 어려운 신선한 커리 잎과 카피르 라임 잎, 갈랑가 등을 구할 수 있는 것은 물론이고, 다양한 제조사에서 나온 가람 마살라나 커리 파우더를 직접 눈으로 보고 비교하며 구입할 수 있거든요. 시나몬 스틱이나 클로브, 카르다몸 등은 알맞게 소분되어 있기도 해요. 어떤 품목의 경우 온라인 쇼핑몰보다 훨씬 저렴하게 판매하기도 합니다.

Q2. 향신료 대신 시판 루 카레를 사용해도 되나요?

카레의 종류에 따라 가능한 것도 있고, 불가능한 것도 있습니다. 경양식 느낌의 카레나 비프 카레 등은 시판 루 카레로 대체해서 만들어도 맛있을 거예요. 다만, 당연히 향신료를 이용해 만든 카레보다는 다양하고 깊은 맛이 떨어지며 비교적 단순한 맛이 연출됩니다. 루 카레를 사용하고 싶다면 분말이 아닌 고형으로 사용하고, 한 종류가 아닌 두 종류 이상을 섞어서 사용하길 권해요. 태국식 카레의 경우 시판 페이스트로 대체 가능합니다.

Q3. 카레는 얼마나 오래 보관이 가능한가요? 보관 방법도 알려주세요.

밀폐 용기에 담았을 경우 냉장은 1주, 냉동은 2주 이상 보관이 가능합니다. 한 번 끓인 카레를 완전히 식힌 후 밀폐 용기에 담아 보관하면 됩니다.

다만 콩이나 감자 등 비교적 상하기 쉬운 재료가 들어가거나, 여름철의 닭고기가 들어간 카레라면 2일 이내로 먹는 것을 권장합니다. 또한 냉동 보관을 오래 할 경우 처음 만들었을 때보다 향신료 맛이 옅어질 수 있습니다.

Q4. 카레의 농도가 묽어요. 만드는 과정에서 잘못한 걸까요?

흔히 생각하는 진득한 농도의 카레는 대체로 루 카레가 가지는 성질입니다. 시판 루 카레에는 다량의 식물성 유지와 밀가루, 전분이 함유되어 있기 때문에 농도가 잡히지요. 하지만 향신료 카레의 경우, 생크림이나 견과류 페이스트가 들어가는 카레를 제외하면 대부분 묽습니다(특히 남인도식 카레나 태국식 카레의 경우). 묽은 것이 정상이니 걱정하지 않아도 됩니다. 너무 묽은 카레가 싫다면, 양파를 얇게 슬라이스하는 대신 잘게 다져서 볶아 끓이면 조금 더 농도가 진해집니다.

Q5. 양파 볶는 과정 없이 카레를 만들고 싶어요.

양파를 볶지 않아도 되는 버터 치킨 카레나 태국식 카레들을 먼저 도전해 보세요. 양파를 충분히 볶아 농축된 맛으로부터 카레의 기본 베이스가 탄생하기 때문에, 양파를 볶아 카레를 만드는 레시피에서 볶는 과정을 빼면 제대로 된 카레를 만들기 어렵습니다.

Q6. 카레는 오래 끓이고 숙성할수록 맛있다는데, 사실인가요?

향신료 카레의 경우 완성 직후 향신료 각각의 맛이 가장 분명하며, 시간이 지날수록 주재료와 그 맛이 조화롭게 융화됩니다. 카레를 끓여 한 번은 바로 먹고, 한 번은 반나절에서 하루 정도 숙성한 후 먹어 보세요. 향신료 카레는 숙성이 필수가 아니므로 이는 취향에 따라 선택하면 됩니다.

Q7. 식용유 대신 버터나 올리브유를 써도 될까요?

식용유를 대신하여 사용할 때는 무향의 해바라기씨유, 포도씨유 등을 추천합니다. 올리브유는 향이 너무 강해서 오랜 시간 양파를 볶을 때는 적합하지 않으며, 버터를 사용하는 레시피의 경우에는 따로 표기해 두었습니다. 조금 더 좋은 오일을 쓰고 싶다면 코코넛 오일, 정제된 기 버터를 추천합니다.

Q8. 토마토는 어떤 것을 써야 하나요? 꼭 홀 토마토를 사용해야 하나요?

토마토는 제철인 여름을 제외하고는 산미가 강하고 물기가 적어 카레를 만들 때 사용하기엔 적합하지 않습니다. 한여름에는 완숙 토마토를 사용해도 좋지만, 그 외에는 홀 토마토 사용을 권장합니다.

Q9. 간은 어떻게 맞추는 것이 좋을까요?

카레를 끓이는 과정에서 수분이 증발하기도 하고, 수분이 부족해 물을 더하는 경우도 발생하므로 상황에 따라 가감하면 됩니다. 짠맛이 싫다면 레시피보다 적은 분량의 소금을 넣어 보고 조절하세요. 단맛 또한 마찬가지로 취향에 따라 설탕이나 코코넛 슈거로 조절하면 됩니다.

Q10. 계량스푼 없이 향신료를 계량할 수 있을까요?

2~3인분 정도 분량의 카레를 끓일 때 향신료는 아주 소량으로도 큰 차이가 나기 때문에(특히 매운맛이 강한 향신료의 경우 더더욱), 꼭 계량스푼을 이용해 계량하기를 추천합니다.

카레를 맛있게 먹는 법

"비비지 말고 떠서 드세요."

가게에서도 기본적으로 안내하고 있는 사항입니다.
밥과 카레를 조금씩 비벼 먹거나,
몇 숟갈 정도 비비는 건 괜찮습니다만
처음부터 밥과 카레 전체를 다 비벼 놓는 것은 추천하지 않습니다.
밥이 수분을 전부 흡수해 먹다 보면 뻑뻑해지고 진밥 식감이 되어요.

먹을 만큼만 조금씩 비비거나,
밥에 카레를 곁들여 먹는다는 느낌으로 먹으면 좋습니다.
카레를 난과 함께 먹을 때 조금씩 뜯어 찍어 먹는 것을 생각하면 됩니다.

추천의 글

매일 카레를 먹다 보니 여러 사람들이 '만약 앞으로 단 한 가지 카레만 먹을 수 있다면 어떤 카레를 먹고 싶은지' 자주 묻습니다.

저는 이 질문을 받을 때마다 당당하게 "성북동 '카레'의 화이트 치킨 카레를 먹겠습니다." 하고 답변합니다. 고민은 길지 않았어요. 그만큼 애정하고, 감명 깊게 먹은 메뉴였으니까요. 카레가 아이보리 빛을 띠는 것도 신기하지만, 크림 맛을 연상시키는 겉보기와 다르게 살짝 매콤하면서도, 레몬즙을 뿌리면 요거트의 풍미도 올라옵니다. 정말 신기했어요.

『열두 달 향신료 카레』로 향신료 카레를 처음 접하는 분이라면 카레가 이렇게 다양했냐며 놀라실 거예요. 카레 레시피뿐 아니라 곁들이면 좋은 반찬, 차 종류도 소개되어 있습니다. 그야말로 책의 마무리까지 카레에 의한, 카레를 위한 애정이 듬뿍 담겨 있지요. 메뉴를 하나하나 읽어 내려가다 보면 어느새 사계절이 지나고, 한 해의 끝이 보이는 것 같아 아쉬운 마음이 듭니다.

성북동 '카레' 가게에서는 2주마다 바뀌는 메뉴판에 들어가는 재료를 매번 섬세하게 하나하나 써놓는데, 책으로 보니 그 재료의 양이 훨씬 많고 다채롭게 느껴집니다. 이렇게 제각기 다른 재료들이 카레라는 요리로 모여서 맛의 조화를 이룬다는 게 신기하기도 합니다. 성북동 '카레'를 통해 접하지 않았다면 이런 맛있는 조합을 오래도록 모르지 않았을까 싶어요. 오늘도 감사함을 느낍니다.

또한 성북동 '카레'를 사랑하는 사람으로서, 제가 사랑하는 메뉴들이 거의 다 수록되어 행복해요. 한국에선 아직도 '카레=노란색'이라는 공식이 통한다고들 하지만, 이 책을 통해서 카레는 이토록 다양한 색감과 맛을 가진 요리라는 걸 알려 주고 싶어요.

영화 〈라이온 킹〉의 한 장면이 떠오릅니다. 정글의 왕 무파사가 아들이자 주인공인 아기 사자 심바를 자랑하듯 들고 내보이는 유명한 장면이지요. 책의 마지막 페이지까지 읽고 나자 제가 이 책을 심바처럼 들고 나서서 자랑하고, 세상에 이런 멋진 카레 책이 있다며 보여 주고 싶습니다.

향신료 카레가 무엇인지 궁금한 사람, 직접 요리해 보고 싶은 사람, 심지어 카레를 좋아해 본 적이 없는 사람을 포함한 모두에게 이 책을 권합니다.

카레머신(@currymachine_)

이정원

일러두기

1. 별도의 표기가 없는 모든 레시피는 2~3인분 분량입니다.
2. 양파 1개는 300g을 기준으로 합니다.
3. 카레의 매운 정도는 약간 매운맛, 중간 매운맛, 아주 매운맛의 3단계로 분류했습니다. 사용하는 고추의 상태나 칠리 파우더의 종류에 따라 매운 정도가 달라질 수 있습니다. 약간 매운맛은 너구리, 중간 매운맛은 신라면, 아주 매운맛은 열라면 정도로 생각하면 됩니다.
4. 마늘과 생강의 경우 다진 것과 강판에 간 것 두 가지로 분류합니다. 보다 확실하게 맛을 표현하기 위해서는 다진 마늘과 다진 생강을, 조금 더 섬세한 맛을 위해서는 간 마늘, 간 생강을 쓰세요.
5. 소금이나 설탕, 꿀 등의 양은 맛을 보고 취향과 입맛에 따라 조절하세요.
6. 가니시로 들어가는 향신료나 고수 등의 향채는 취향에 따라 가감해도 무방합니다.
7. 사진 속 접시에 담긴 밥은 모두 1공기 분량입니다. 기호에 따라 빵이나 면과 곁들여 먹거나, 또는 카레만 단독으로 먹어도 맛있습니다.

1月

January

시금치 카레
치킨 수프 카레

시금치 카레
Spinach Curry

겨울에 제철을 맞는 시금치. 1월이면 선명한 분홍빛 뿌리를 자랑합니다. 고소한 맛도 영양도 가득 차오르는 시기인데, 이때 맛볼 수 있는 포항초는 또 얼마나 별미인지요.
카레 가게를 시작한 첫날부터 지금까지 시금치 카레를 고정 메뉴로 선보이고 있습니다. 시금치를 싫어하는 이들도 이 카레를 맛보면, 편견에 사로잡혔던 딱딱한 마음이 녹아내린다는 후기를 들려 줍니다. 시금치 카레는 시금치를 가장 맛있게 즐길 수 있는 방법 중 하나임이 분명합니다.

지금 소개하는 시금치 카레는 인도 정통 시금치 카레, '팔락 파니르'에 가까워요. 인도 카레 전문점에 가면 메뉴판에 버터 치킨 카레와 함께 당당하게 베스트셀러 스티커가 붙어 있는 바로 그 카레입니다.
시금치 카레에는 일반적으로 코티지 치즈를 곁들입니다. 리코타 치즈와 비슷하지만 생크림이 들어가지 않아 조금 더 부스러지는 질감을 느낄 수 있어요. 인도에서는 코티지 치즈를 만든 후 누름돌로 눌러 밀도를 높인 것을 조각으로 잘라서 씁니다. 코티지 치즈 대신 단단한 부침용 두부를 구워 곁들여도 맛있어요.

비건(코티지 치즈 뺄 경우)

INGREDIENT

홀 스파이스	커민 시드 1작은술
파우더 스파이스	코리앤더 파우더 2작은술 강황 파우더 1작은술 칠리 파우더 1/8작은술
본재료	시금치 1단 양파 1개 홀 토마토 150g 간 마늘 1작은술 간 생강 1작은술 식용유 3큰술 코코넛 밀크 100ml(생략 가능) 소금 적당량 설탕 1작은술 가니시용 호로파 잎, 후추 약간
코티지 치즈	우유 1L 식초 80ml 레몬 1/2개 분량의 즙 소금 1꼬집

코티지 치즈 만들기

a. 냄비에 우유를 넣고 아주 약한 불에서 데웁니다.

b. 끓기 직전 거품이 조금씩 올라올 때 불을 끄고 레몬즙과 식초, 소금을 넣어 나무 주걱으로 서너 번 젓습니다.

c. 치즈 덩어리가 몽글몽글한 순두부처럼 위로 떠올라 분리되면 면포에 걸러 수분을 뺍니다.

d. 수분이 빠진 치즈를 통째로 면포에 싼 뒤 누름돌이나 무거운 냄비 등으로 누릅니다.

b

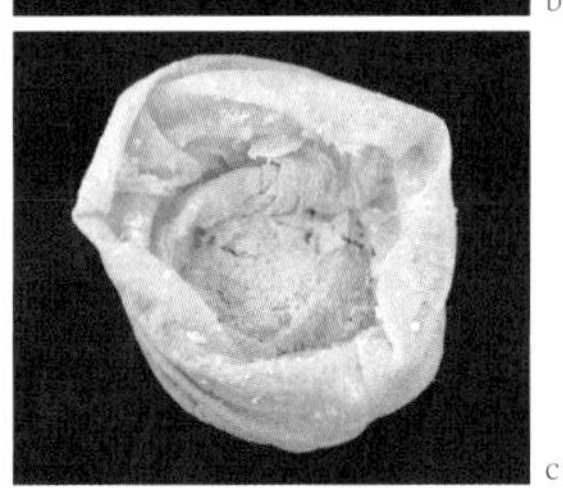
c

1. 냄비에 물을 넉넉히 붓고 소금 1꼬집을 넣은 뒤 끓어오르면 시금치를 넣어 약 1분간 데칩니다. 건져낸 시금치는 찬물에 헹군 뒤 손으로 물기를 꼭 짭니다.
2. 웍에 식용유를 두르고 홀 스파이스 재료를 넣어 가열합니다.
3. 고소한 냄새가 나고 타닥타닥 튀는 소리가 나면 가늘게 슬라이스한 양파를 전부 넣고 센 불에서 볶습니다.
4. 양파가 짙은 갈색이 되면 중간 불로 줄이고 간 마늘, 간 생강, 홀 토마토를 넣어 으깨듯 볶습니다.
5. 수분이 어느 정도 날아가면 파우더 스파이스 재료를 모두 넣고 센 불에서 약 30초간 볶습니다.
6. 데친 시금치와 ⑤의 카레 페이스트, 물 300ml를 믹서에 넣고 갈아 줍니다.

   TIP 분쇄 정도는 취향에 따라 조절해도 좋지만, 시금치의 줄기가 보이지 않을 정도로 충분히 가는 것이 좋습니다.
7. 믹서에 간 카레를 다시 웍 또는 냄비에 넣어 중간 불에서 10분 이상 끓입니다. 이때 소금 1작은술과 설탕으로 간을 하고 코코넛 밀크를 더합니다.
8. 접시에 카레를 옮겨 담고 코티지 치즈를 얹은 뒤 호로파 잎과 후추를 뿌립니다.

1

2

3

7

치킨 수프 카레
Chicken Soup Curry

카레 하면 어떤 계절이 떠오르나요? 카레로 유명한 인도를 비롯해 동남아시아의 여러 나라를 생각하면, 왠지 더운 여름이 연상됩니다. 하지만 추운 겨울 날씨와 아주 잘 어울리는 카레도 있습니다. 바로 일본 홋카이도의 명물, '수프 카레'입니다.
일본의 향신료 카레는 인도뿐만 아니라 스리랑카, 네팔 등 다양한 나라에 기원을 두고 있는데요. 수프 카레의 경우엔 인도네시아 카레에서 탄생한 것입니다. 푹 끓여 육수를 낸 데다 향신료까지 더해져 몸도 마음도 뜨끈해지는 카레입니다. 여기에 코코넛 밀크를 듬뿍 넣어 부드럽고 달큰한 맛까지 더했어요.

약간 매운맛

INGREDIENT

홀 스파이스	시나몬 스틱 1개 카르다몸 5개 클로브 5개 커민 시드 1작은술
파우더 스파이스	코리앤더 파우더 3큰술 커민 파우더 2작은술 가람 마살라 1작은술 강황 파우더 1작은술 시나몬 파우더 1/2작은술 후추 1/4작은술 칠리 파우더 1/4작은술
본재료	닭다리 4개 토핑용 채소(당근, 가지, 피망, 브로콜리, 버섯, 꽈리고추, 감자 등 취향의 채소 5가지 이상) 적당량 양파 1개 홀 토마토 200g 다시마 4개 다진 마늘 2작은술 다진 생강 1작은술 식용유 3큰술 올리브유 적당량 뜨거운 물 600ml 코코넛 밀크 1캔(400ml) 소금 2작은술 설탕 혹은 코코넛 슈거 1큰술 호로파 잎 1줌 밑간용 소금, 후추 적당량 가니시용 호로파 잎, 핑크 페퍼, 후추 적당량 가니시용 레몬 1/6개

혹시 삼계탕을 끓이고 남은 약재들이 있다면 함께 넣어 끓여 보세요! 제법 삼계탕과 비슷한 풍미를 낸답니다. 실제로 일본에서는 약재를 넣어 끓인 '약선 수프 카레'가 인기예요.

5

6

7

8

11

1. 닭다리는 가볍게 칼집을 내고 소금과 후추로 밑간합니다.
2. 양파는 잘게 다지고, 토핑용 채소는 굽기 좋게 길쭉하게 썹니다.
3. 토핑용 채소는 팬이나 오븐, 에어프라이어 등을 이용해 굽습니다. 굽기 전 올리브유를 표면에 바르고 소금과 후추로 간합니다. 오븐이나 에어프라이어의 경우 미리 예열한 후, 180도에서 20~30분간 굽습니다.
4. 컵에 뜨거운 물을 담고 다시마를 넣어 20분 이상 우립니다.
5. 마른 팬에 파우더 스파이스 재료를 넣고 약한 불에서 가볍게 로스팅합니다. 구수한 향이 나면 완성입니다.
   TIP 이때 타지 않도록 주의해 주세요.
6. 냄비에 식용유를 두르고 홀 스파이스 재료를 넣어 가열합니다. 타닥타닥 튀는 소리가 나면 다진 양파를 모두 넣어 센 불에서 잘 섞으며 볶습니다.
7. 양파가 짙은 갈색이 되면 중간 불로 줄인 후 다진 마늘과 다진 생강, 홀 토마토를 넣어 으깨듯 볶습니다.
8. 수분이 어느 정도 날아가면 ④에서 로스팅한 스파이스 재료를 모두 넣고 센 불에서 30초간 볶습니다.
9. ③의 다시마는 건져 낸 뒤 다시마 우린 물을 넣고, 손질한 닭다리를 넣어 끓입니다.
10. 한소끔 끓고 나면 소금과 설탕으로 간한 후 약한 불로 줄여 40분 이상 끓입니다.
    TIP 끓이는 시간이 길어짐에 따라 수분이 증발하며 간이 세질 수도 있으므로, 중간에 물을 조금씩 더해주세요.
11. 코코넛 밀크와 호로파 잎을 넣고 한소끔 더 끓입니다.
12. 접시에 카레를 옮겨 담고 구운 토핑용 채소를 올린 뒤 호로파 잎, 핑크 페퍼, 후추를 뿌리고 레몬을 짜서 즙을 뿌립니다.

2月

February

라구 카레 스파게티
진저 포크 카레

라구 카레 스파게티
Ragu Curry Spaghetti

카레를 좋아하는 분들이라면 한 번쯤 키마 카레를 맛보았을 거예요.
키마keema는 힌디어로 다진 고기를 뜻합니다. 즉 다진 고기를 주재료로 만든 카레들을 부르는 이름이지요. 양파와 향신료, 다진 고기를 듬뿍 넣어 키마 카레를 만들고 있자면 불현듯 언젠가의 비슷한 장면이 떠오릅니다. '어, 이거 라구 소스 만드는 거랑 비슷한데…!' 맞아요. 실제로 키마 카레와 라구 소스 끓이는 과정은 매우 유사합니다. 다만 카레를 만들 때 양파를 더 정성껏 볶고, 향신료를 더 많이 넣는다는 점에서 차이가 있어요.
이렇게 서로 닮아 있는 라구 소스와 키마 카레를 접목해 '라구 카레'를 만들게 되었습니다. 라구 카레는 밥과 함께 먹어도 좋지만, 스파게티 면을 사용해 파스타로 만들어 먹으면 훨씬 맛있어요. 평소에 라구 파스타를 좋아하는 분들이라면 꼭 도전해 보길 바랍니다. 향신료의 깊은 풍미가 맛을 배로 더해 줄 거예요.

약간 매운맛

INGREDIENT
(4인분)

홀 스파이스	시나몬 스틱 1개 클로브 5개 커민 시드 1작은술 월계수 잎 3장
파우더 스파이스	코리앤더 파우더 2큰술 가람 마살라 1작은술 파프리카 파우더 1작은술 강황 파우더 1/2작은술 후추 1/2작은술 칠리 파우더 1/4작은술 (생략 가능)
본재료	스파게티 면 400g ♦ 바게트 4조각 소고기(다짐육) 400g 양파 1+1/2개 당근 1개 홀 토마토 500g 셀러리 줄기 10cm 다진 마늘 2작은술 다진 생강 1작은술 식용유 혹은 버터 3큰술 드라이 와인 200ml ♦♦ 호로파 잎 1줌 소금 2작은술 면수용 소금 4큰술 설탕 2작은술 가니시용 파르미지아노 레지아노 치즈, 호로파 잎, 후추 적당량

♦ 1인분 기준 스파게티 면 100g은 물 1L에 소금 1큰술을 넣고 삶습니다. 과정에서는 4인분을 한꺼번에 삶았지만 1인분씩 삶아서 조리해도 괜찮습니다.

♦♦ 진한 무게감과 묵직한 맛을 원한다면 레드 와인, 가벼운 풍미를 더하고 싶다면 화이트 와인으로 선택하세요. 책 속 레시피에는 화이트 와인을 사용했습니다.

RECIPE

3

4

6

10

1. 양파와 당근, 셀러리는 모두 잘게 다집니다.
2. 웍에 식용유 혹은 버터를 넣고, 홀 스파이스 재료를 모두 넣어 가열합니다.
3. 향신료 냄새가 나고 탁탁 튀는 소리가 들리면 다진 양파를 넣고 볶습니다.
4. 양파가 진한 갈색이 되면 소고기와 다진 셀러리, 당근을 넣어 함께 볶습니다.
5. 소고기가 익으면 다진 마늘, 다진 생강과 홀 토마토를 넣어 으깨듯 볶습니다.
6. 토마토의 수분이 어느 정도 날아가면 파우더 스파이스 재료를 모두 넣고 센 불에서 30초간 볶습니다.
7. 화이트 와인과 호로파 잎을 넣고 센 불에서 한소끔 끓인 후 약한 불로 줄여 30분 이상 자작하게 끓입니다.

   TIP 너무 되직해지면 중간에 물을 1컵씩 넣어 타지 않을 정도로 끓입니다. 이때 취향에 따라 수분을 날린 드라이 카레 혹은 묽은 소스 카레로 정할 수 있습니다. 셀러리를 손질하고 남은 잎이 있다면 함께 넣어 끓여도 좋아요.
8. 원하는 농도가 되었다면 소금과 설탕으로 간해 마무리합니다.
9. 냄비에 물 4L와 소금 4큰술을 넣고 끓어오르면 스파게티 면을 넣어 삶습니다.

   TIP 삶는 시간은 취향에 따라 최소 9분에서 최대 11분 사이로 선택하세요.
10. 완성한 카레에 삶은 스파게티 면을 넣고 함께 버무리듯 볶습니다.

    TIP 이때 버터 1조각을 넣으면 풍미가 더 좋아요.
11. 접시에 옮겨 담고 바게트를 올린 뒤 간 파르미지아노 레지아노 치즈와 호로파 잎, 후추를 뿌립니다.

진저 포크 카레
Ginger Pork Curry

평범한 듯 평범하지 않은 카레. 진저 포크 카레가 바로 그렇습니다. 그만큼 기본에 충실한 카레이기도 해요. 돼지고기의 찬 기운에 생강의 따뜻한 기운을 듬뿍 불어넣어 몸을 보할 수 있는 카레입니다. 향신료의 풍부한 맛이 전해오는 한편 익숙한 맛이 나기도 하고, 무엇보다도 감칠맛이 좋습니다. 한 냄비 듬뿍 끓여 두어도 금세 사라질 거예요. 감기 걸리기 쉬운 계절에 더욱 추천하는 카레입니다.

중간 매운맛

INGREDIENT

홀 스파이스	시나몬 스틱 1개 클로브 5개 팔각 2개 커민 시드 1작은술 머스터드 시드 1작은술 월계수 잎 5장
파우더 스파이스	코리앤더 파우더 3큰술 커민 파우더 1큰술 후추 1/2작은술 시나몬 파우더 1/2작은술 강황 파우더 1/2작은술 칠리 파우더 1/4작은술
돼지고기 마리네이드 재료	간 생강 5큰술 간 마늘 1큰술 미림 3큰술 소금, 후추 적당량
본재료	돼지고기(앞다리살) 300g 양파 2개 홀 토마토 150g 꽈리고추 10개 달걀 1개 다진 생강 2작은술 다진 마늘 1작은술 코코넛 오일 3큰술 식용유 1큰술 코코넛 밀크 200ml 간장 1큰술 설탕 1큰술 소금 1작은술 호로파 잎 1줌 가니시용 호로파 잎, 통깨, 후추 약간

RECIPE

2

5

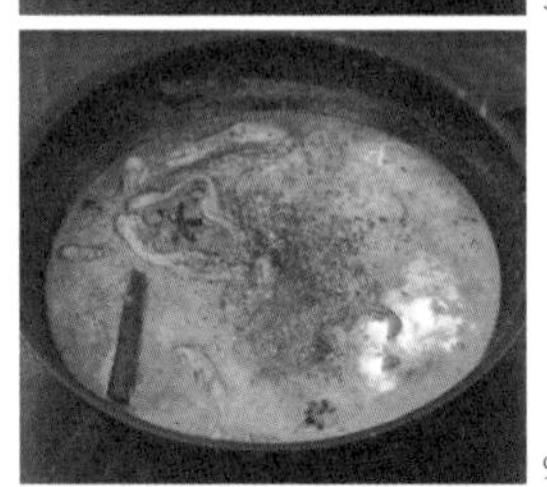
9

11

1. 돼지고기는 먹기 좋은 크기로 썹니다.
2. 볼에 손질한 돼지고기를 담고, 돼지고기 마리네이드 재료들을 모두 넣어 조물조물 잘 버무린 뒤 2시간 이상 냉장고에 넣어 숙성합니다.
3. 양파는 잘게 다지고, 꽈리고추는 세로로 반 자릅니다.
4. 마른 팬에 파우더 스파이스 재료를 모두 넣어 약한 불에서 로스팅합니다. 색이 한층 어두워지고 구수한 냄새가 나면 완성입니다.
   TIP 이때 타지 않도록 주의해 주세요.
5. 웍에 코코넛 오일을 두르고, 달궈지면 꽈리고추와 홀 스파이스 재료들을 모두 넣습니다.
6. 탁탁 튀는 소리가 들리면 다진 양파를 넣어 진한 갈색이 될 때까지 볶습니다.
7. 다진 마늘과 다진 생강, 홀 토마토를 넣어 으깨듯 볶습니다.
8. 물기가 날아가면 ④에서 로스팅한 파우더 스파이스를 모두 넣어 센 불에서 약 30초간 볶습니다.
9. 물 500ml를 넣고 끓어오르면 코코넛 밀크와 간장, 설탕, 소금, 호로파 잎을 넣고 중약불에서 10분 이상 끓입니다.
10. 별도의 팬에 마리네이드한 돼지고기를 넣고 센 불에서 10분간 볶습니다.
   TIP 마리네이드해서 물기가 있는 상태이므로 굳이 기름을 두르지 않아도 돼요.
11. 충분히 익힌 돼지고기를 카레에 넣고 10분간 더 끓입니다.
12. 달군 팬에 식용유를 두르고 달걀을 깨트려 넣어 반숙으로 프라이합니다.
13. 접시에 카레를 옮겨 담고 달걀 프라이를 올린 뒤 호로파 잎과 통깨, 후추를 뿌립니다.

낫토와 함께 먹으면 더욱 맛있는 카레이므로 꼭 한번 시도해 보세요. 이때 고수나 쪽파를 곁들여도 좋습니다.

3月

March

버터 치킨 카레
코코넛 쉬림프 카레

버터 치킨 카레
Butter Chicken Curry

제가 처음으로 성공했던 향신료 카레, 바로 버터 치킨 카레입니다. 버터 치킨 카레를 처음 만들었을 때의 기쁨과 설렘은 이루 말할 수 없어요. 인도 식당에 갈 때면 난과 함께 꼭 주문했던 그 카레를, 이렇게 집에서 훨씬 더 맛있게 만들 수 있다니!
버터 치킨 카레는 가정에서 만들기 쉬우면서도 가장 이국적인 맛을 낼 수 있는 카레 중 하나입니다. 정말 쉽고 맛있으니 꼭 도전해 보세요. 더 이상 밖에서 버터 치킨 카레를 사 먹지 않게 될지도 모릅니다.

약간 매운맛

INGREDIENT

홀 스파이스
- 시나몬 스틱 1개
- 카르다몸 5개
- 클로브 5개
- 팔각 1개
- 메이스 3개(생략 가능)

마리네이드용 파우더 스파이스
- 코리앤더 파우더 2큰술
- 커민 파우더 1큰술
- 파프리카 파우더 2작은술
- 가람 마살라 1작은술
- 강황 파우더 1/2작은술
- 시나몬 파우더 1/2작은술
- 후추 1/2작은술

본재료
- 난 2장(생략 가능)
- 닭다리살 400g
- 홀 토마토 300g
- 꽈리고추 4개
- 간 마늘 1작은술
- 간 생강 1작은술
- 버터 100g
- 토마토 페이스트 2큰술
- 플레인 요거트 100g
- 생크림 200ml
- 벌꿀 1큰술
- 레몬 1/2개 분량의 즙
- 호로파 잎 1줌
- 월계수 잎 4장
- 소금 1작은술
- 밑간용 소금 2~3꼬집
- 가니시용 생크림, 호로파 잎, 고수, 핑크 페퍼, 후추 약간

RECIPE

3

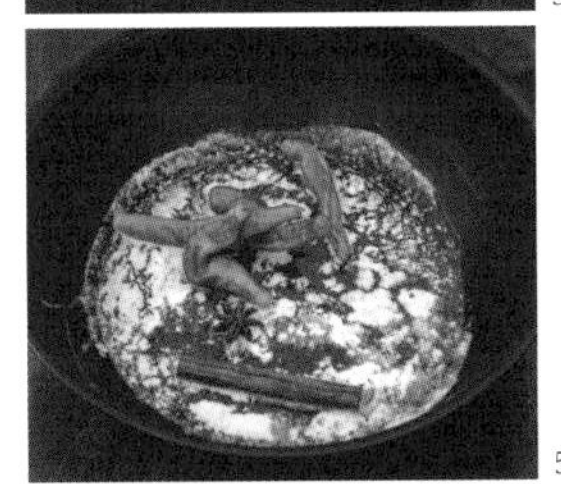
5

7

8

1. 닭다리살은 한입 크기로 썰고 소금을 뿌려 밑간합니다.
2. 볼에 밑간한 닭다리살을 담고 플레인 요거트와 레몬즙, 간 마늘, 간 생강을 넣어 잘 버무립니다.
3. 마리네이드용 파우더 스파이스 재료를 모두 넣고 다시 잘 섞어 준 뒤 랩을 씌워 냉장고에 넣고 1시간 이상 숙성합니다.
4. 200도로 예열한 오븐에 마리네이드한 닭다리살을 오븐팬에 잘 펼쳐 넣고 200도에서 20분간 굽습니다.

   TIP 오븐이 없는 경우 팬을 센 불로 달궈 앞뒤로 노릇하게 구워 주세요. 무쇠 팬이면 더욱 좋습니다.
5. 약한 불로 달군 웍에 버터를 천천히 녹이고 꽈리고추와 홀 스파이스 재료를 넣어 주세요. 향신료가 타닥타닥 튀는 소리가 들리면 준비가 된 것입니다.
6. 홀 토마토를 넣고 나무 주걱으로 잘 으깹니다.

   TIP 갈아서 넣어도 좋아요.
7. 생크림을 넣고 냄비 가장자리에 기포가 올라오기 시작하면 구운 닭다리살을 모두 넣어 중간 불에서 끓입니다.
8. 카레가 보글보글 끓기 시작하면 토마토 페이스트와 벌꿀, 호로파 잎, 월계수 잎, 소금을 넣어 약 10분간 더 끓입니다.
9. 접시에 카레를 옮겨 담고 카레 위에 생크림과 호로파 잎, 핑크 페퍼, 후추를 뿌린 뒤 취향에 따라 고수를 얹어 먹습니다.

고소한 맛을 더하고 싶다면 땅콩버터 1큰술을 넣어 보세요.

코코넛 쉬림프 카레
Coconut Shrimp Curry

대학생 시절, 생크림이 들어가 부드럽고 고소한 맛이 나는 새우 크림 카레를 즐겨 먹었어요. 지금은 흔한 메뉴가 되었지만, 그때만 하더라도 생크림을 듬뿍 넣은 카레 자체가 국내에선 쉽게 찾기 힘들었거든요. 루 카레에 생크림을 넣어 끓이는 새우 크림 카레가 일본식이라면, 코코넛 오일과 코코넛 밀크를 활용한 카레는 인도나 태국, 스리랑카 등에 가까운 맛이지요. 평소에 새우 카레를 좋아하셨던 분들이라면 맛과 향이 훨씬 풍부한 코코넛 쉬림프 카레를 만들어 보세요. 코코넛 오일에 향신료와 양파를 볶는 첫 과정부터 부엌은 설레는 냄새로 가득 찰 거예요.

약간 매운맛

INGREDIENT

홀 스파이스	머스터드 시드 2작은술
마리네이드용 파우더 스파이스	코리앤더 파우더 3큰술 가람 마살라 1작은술 파프리카 파우더 1작은술 강황 파우더 1/2작은술 칠리 파우더 1/4작은술
파우더 스파이스	코리앤더 파우더 2큰술 커민 파우더 1큰술 강황 파우더 1/2작은술 칠리 파우더 1/4작은술
본재료	새우 약 300g(껍질째 큰 것) 새우 머리 4개(생략 가능) 양파 1개 간 마늘 1작은술 간 생강 1작은술 코코넛 오일 4큰술 코코넛 밀크 400ml 판단 잎 약간(생략 가능) ♦ 호로파 잎 1줌 소금 1작은술 코코넛 슈거 2작은술 가니시용 생크림, 호로파 잎, 후추 약간

♦ 판단 잎은 카야잼의 재료이기도 합니다. 판단 잎을 넣으면 특유의 향과 함께 카레에 녹색 빛이 은은하게 더해집니다.

RECIPE

1

2

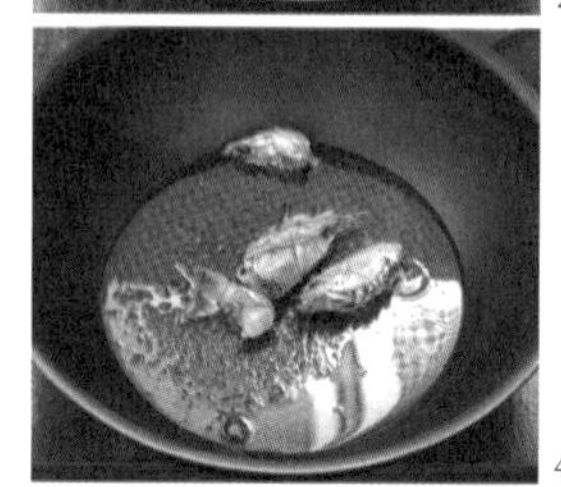
4

6

9

1. 볼에 새우를 담고 마리네이드용 파우더 스파이스 재료를 모두 넣은 뒤 잘 버무려 약 1시간 정도 냉장 보관합니다.

   TIP 새우는 가능하면 껍질째 머리와 꼬리가 모두 붙어 있는 것을 쓰세요.

2. 마른 팬에 파우더 스파이스 재료를 모두 담고 약한 불에서 로스팅합니다. 구수한 냄새가 올라오고 색이 조금 진해지면 완성입니다.

   TIP 이때 타지 않도록 주의해 주세요.

3. 양파는 잘게 썹니다.
4. 웍에 코코넛 오일 3큰술을 두르고 홀 스파이스 재료와 새우 머리를 올려 중간 불에서 잘 섞으며 볶습니다.
5. 잘게 썬 양파를 넣어 진한 갈색이 될 때까지 볶습니다.
6. ②에서 로스팅한 파우더 스파이스와 간 마늘, 간 생강을 넣고 센 불에서 30초간 볶아 페이스트를 만듭니다.
7. 물 300ml와 판단 잎을 넣고 센 불에서 한소끔 끓어오르면 코코넛 밀크, 호로파 잎을 넣어 중간 불에서 5분간 더 끓입니다.
8. 별도의 팬에 코코넛 오일 1큰술을 살짝 둘러 마리네이드한 새우를 굽습니다.

   TIP 새우는 센 불에서 빠르게 구워야 맛있습니다.

9. 구운 새우를 카레에 넣어 약 3분간 끓이고 소금과 코코넛 슈거로 간합니다.
10. 접시에 카레를 옮겨 담고 카레 위에 생크림과 호로파 잎, 후추를 뿌립니다.

극강의 새우 맛을 느끼고 싶은 분들은 보리새우 가루 1큰술을 추가해 끓여 보세요!

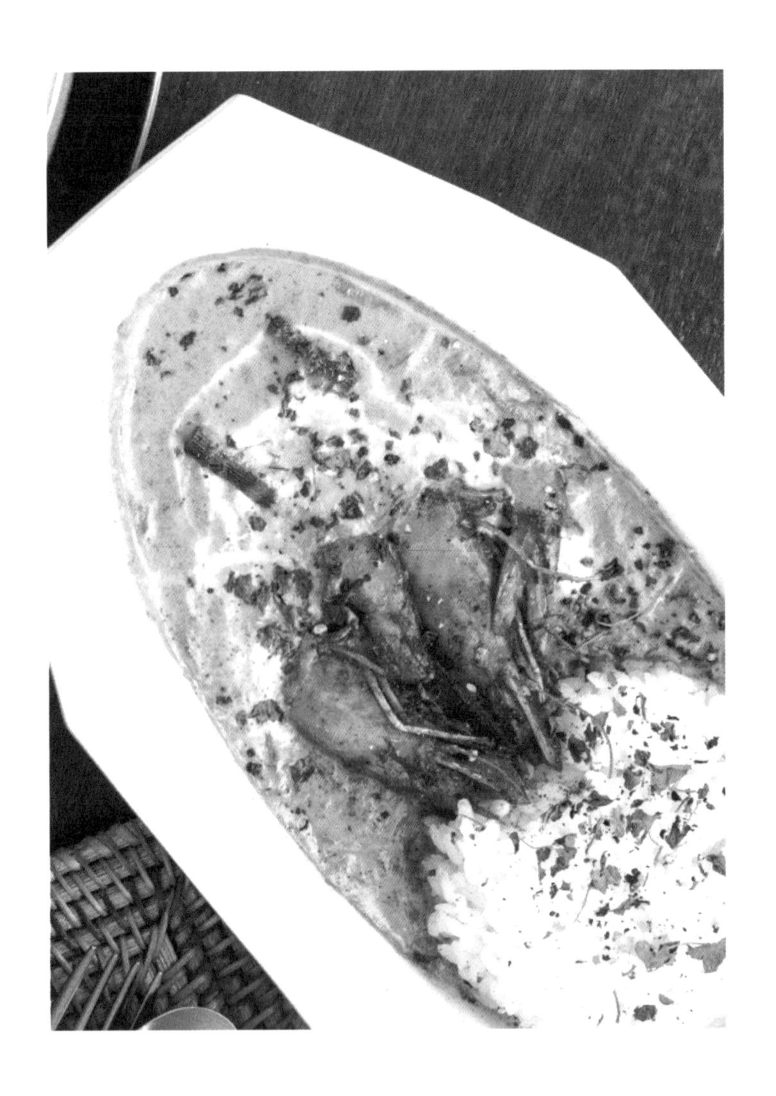

4月

April

바질 민트 키마 카레
두 가지 콩 카레

바질 민트 키마 카레
Basil Mint Keema Curry

식목일이 있는 봄이면 왠지 작은 화분이라도 하나 들이고 싶습니다. 바질이나 민트 같은 허브를 가꾸는 분들도 있을 거예요. 그런데 막상 허브가 무럭무럭 자라나면, 이것들을 어디에 쓰면 좋을까 고민스럽지요. 이때 카레와 허브가 무척 잘 어울린다는 사실, 알고 있나요? 고수를 잘게 다져 카레와 함께 끓이기도 하고, 달콤한 향의 바질이나 민트까지 두루 쓰인답니다.

라오스에는 '랍'이라는 이름의 요리가 있어요. 바질과 민트, 고수를 잘게 다져 밑간한 돼지고기를 피시 소스와 함께 볶아 내는 음식으로, 한입 먹으면 입안이 무척 산뜻해지는데요. 여기에 몇 가지 향신료를 더해 독특한 맛의 키마 카레로 만들어 볼게요. 싱그러운 계절과 잘 어울리는, 봄의 카레입니다.

약간 매운맛

INGREDIENT

분쇄용 홀 스파이스	카르다몸 5개 카피르 라임 잎 5개 후추 1작은술
홀 스파이스	시나몬 스틱 1개 커민 시드 1작은술 클로브 4개
파우더 스파이스	코리앤더 파우더 2큰술 커민 파우더 1작은술 가람 마살라 1/2작은술
본재료	돼지고기(다짐육) 400g 양파 1개 라임 1/6개 다진 생강 2작은술 다진 마늘 1작은술 허브류(고수, 민트, 바질) 각 1줌씩 식용유 3큰술 피시 소스 1큰술 소금 1꼬집 설탕 1큰술 가니시용 고수, 민트, 바질, 실고추, 후추 약간

RECIPE

1. 양파는 잘게 다집니다.
2. 허브는 적당한 크기로 다지듯 썹니다.
3. 분쇄용 홀 스파이스 재료를 믹서기에 넣어 곱게 갑니다.
4. 달군 웍에 식용유를 두르고 홀 스파이스 재료를 모두 넣어 센 불에서 볶습니다.
5. 향신료가 부풀면서 고소한 냄새가 나고, 타닥타닥 튀기 시작하면 다진 양파를 모두 넣어 계속 센 불에서 볶습니다.
6. 양파가 갈색이 되면 다진 마늘과 다진 생강, 돼지고기를 넣고 돼지고기의 분홍빛이 사라질 때까지 잘 섞으며 볶습니다. 이때 소금으로 간합니다.
7. 돼지고기가 충분히 익으면 미리 갈아 둔 홀 스파이스 재료와 파우더 스파이스 재료를 모두 넣고 잘 섞으며 센 불에서 짧게 볶습니다.
8. 설탕과 피시 소스, 허브를 넣고 허브의 숨이 죽을 때까지 센 불에서 짧게 볶습니다.
9. 접시에 먼저 밥을 담고 그 위에 카레를 소복히 올린 뒤 고수와 민트, 바질, 실고추, 후추를 얹고 라임을 짜 즙을 뿌려 먹습니다.

2

6

7

8

두 가지 콩 카레

[병아리콩, 뭉달]

Chick Peas Curry
Mung Bean Curry

카레의 본고장으로 불리는 인도에서 현지인들이 실제로 즐겨 먹는 카레는 무엇일까요? 인도인 대부분은 힌두교도로, 종교적인 신념에 따라 육류를 거의 섭취하지 않습니다. 유제품까지만 먹는 락토 베지테리언 인구가 주를 이루죠. 그렇다면 부족한 단백질은 어떻게 보충할까요?
정답은 바로 콩입니다. 인도의 병아리콩 생산량은 세계 1위이며, 대부분의 생산량을 자국민이 섭취합니다. 병아리콩은 다른 콩에 비해 열량은 적고 단백질 함량이 높기로 유명하지요. 이밖에도 인도인들은 깐 녹두, '뭉달'로 만든 카레를 주식으로 먹습니다. 우리나라로 치면 밥상에 매일 오르는 된장찌개 같은 느낌이려나요. 질리지 않고 계속 찾게 되는 맛이라는 점도 흡사하네요.
매일 먹는 식사인 만큼, 만드는 법도 어렵지 않습니다. 채식주의자는 물론 다이어트를 위해 단백질 섭취를 필요로 하는 이들에게도 유용한 레시피입니다. 이 두 가지 콩 카레는 단독으로 먹어도 좋지만 한 접시에 담아 함께 먹으면 조화로움이 배가 되고 더욱 맛있습니다. 제가 만들었던 엑소 세훈의 반려견 비비의 얼굴 모양 카레 역시 이 두 가지 콩 카레를 사용했던 사진으로 큰 화제가 되었습니다.

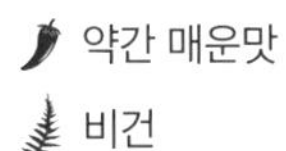

INGREDIENT

홀 스파이스
커민 시드 1작은술
레드 칠리 5개

파우더 스파이스
코리앤더 파우더 1큰술
파프리카 파우더 2작은술
커민 파우더 1작은술
시나몬 파우더 1작은술 (생략 가능)
강황 파우더 1작은술
칠리 파우더 1/4작은술

본재료
병아리콩 200g
양파 1개
홀 토마토 200g
다진 마늘 1작은술
다진 생강 1작은술
식용유 2큰술
소금 1/4작은술(삶기용 제외)
가니시용 호로파 잎, 후추 약간

RECIPE

5

6

7

9

1. 볼에 병아리콩을 담고 잠길 정도의 물을 부은 뒤 하룻밤 두어 불립니다.
2. 끓는 물에 소금 1꼬집을 넣고 불린 병아리콩을 30분 이상 푹 삶습니다.
   TIP 병아리콩을 꺼내 손으로 뭉갰을 때 단단함 없이 으스러지면 완성입니다.
3. 양파는 잘게 다집니다.
4. 달군 웍에 식용유를 두르고 홀 스파이스 재료를 넣어 볶습니다.
5. 고소하면서 매운 냄새가 나기 시작하면 양파를 넣고 볶습니다.
6. 양파가 어느 정도 노릇해지면 홀 토마토와 다진 마늘, 다진 생강을 넣어 나무 주걱으로 으깨듯 볶습니다.
7. 토마토의 수분이 날아가면 파우더 스파이스 재료를 모두 넣어 센 불에서 30초간 짧게 볶습니다.
8. 물 200ml와 병아리콩, 소금을 넣어 한소끔 끓입니다.
9. 끓어오르면 약한 불로 줄여 수분이 날아갈 때까지 볶아 드라이 카레로 만듭니다.
10. 접시에 카레를 옮겨 담고 호로파 잎과 후추를 뿌립니다.

뭉달 카레

INGREDIENT

홀 스파이스
커민 시드 1/2작은술
머스터드 시드 1/2작은술
레드 칠리 5개
커리 잎 5장

파우더 스파이스
코리앤더 파우더 1큰술
커민 파우더 1작은술
강황 파우더 1작은술

본재료
뭉달 200g
양파 1개
홀 토마토 150g
다진 마늘 1작은술
식용유 2큰술
코코넛 밀크 100ml
소금 2작은술
가니시용 생크림, 고수,
호로파 잎, 핑크 페퍼, 후추 약간

RECIPE

1

7

8

10

1. 볼에 뭉달을 담고 잠길 정도의 물을 부은 뒤 1시간 이상 불리고 가볍게 물로 헹구어 둡니다.
2. 냄비에 물을 넉넉히 붓고 뭉달을 넣어 중간 불에서 삶습니다.
3. 끓어오르기 시작하면 약한 불로 줄여 30분간 더 삶은 뒤 체에 밭쳐 물기를 뺍니다.

   TIP 끓으며 생기는 거품은 계속 걷어 주세요.
4. 양파는 잘게 썹니다.
5. 달군 웍에 식용유를 두르고 홀 스파이스 재료를 모두 넣어 가열합니다.
6. 고소하면서 매운 냄새가 나면, 양파를 넣어 볶습니다.
7. 양파가 투명해지면 홀 토마토와 다진 마늘을 넣어 나무 주걱으로 으깨듯 볶습니다.
8. 토마토의 수분이 어느 정도 날아가면, 파우더 스파이스 재료를 모두 넣고 센 불에서 30초간 짧게 볶습니다.
9. 삶은 뭉달과 물 300ml, 소금을 넣어 센 불에서 한소끔 끓입니다.
10. 한 번 끓어오르면 코코넛 밀크를 넣고 중약불로 줄여 20분간 더 끓여 줍니다.

    TIP 카레가 아주 부드러워질 때까지 끓여야 하므로, 냄비 바닥이 타지 않도록 나무 주걱으로 잘 저어 주세요. 물이 부족하다면 조금씩 추가해도 됩니다.
11. 접시에 카레를 옮겨 담고 생크림과 고수, 호로파 잎, 핑크 페퍼, 후추를 뿌립니다.

부드러운 뭉달의 식감에 씹는 식감을 더하고 싶다면 뭉달 100g에 차나달 100g을 함께 섞어 만들어 보세요. 병아리콩을 쪼개 만든 차나달은 입자가 더 크고 렌틸콩과 유사한 식감입니다.

비비 카레

ViVi Curry

INGREDIENT

두 가지 콩 카레(88p)
밥 1+1/2공기
김 1장
후추 약간

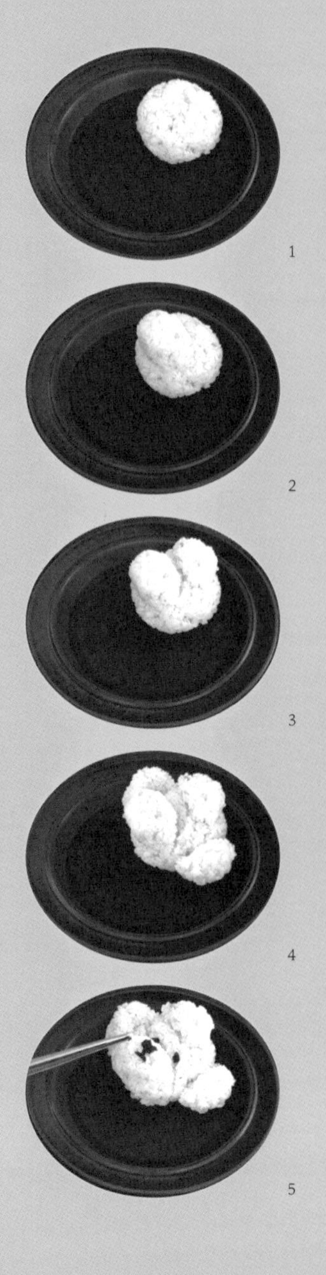

RECIPE

1. 밥을 손으로 둥글납작하게 빚어 비비의 얼굴 모양을 잡아 줍니다.
2. 같은 방법으로 옆으로 긴 타원 모양을 만들어 입 부분을 만들어 줍니다.
3. ②보다 조금 작은 타원 모양을 만들어 볼륨감 있는 이마를 만들어 줍니다.
4. ③과 같은 크기로 두 개를 더 만들어 얼굴 양쪽의 큰 귀를 만듭니다.
5. 김을 가위로 작게 잘라서 눈, 코, 입을 만들어 올립니다.
   TIP 한 장을 잘라 모양내기보다 작은 크기로 자른 김 여러 장을 모자이크처럼 겹쳐 올리면 더욱 실감나는 모양이 됩니다.
6. 완성된 비비 얼굴 주변으로 카레를 담고 후추를 뿌립니다.

비비가 좋아하는 사과를 곁들이면 더욱 귀엽습니다. 카레는 원하는 맛 어떤 것으로 대체해도 무방해요.

5月

May

경양식 비프 카레
카레 나폴리탄 스파게티

경양식 비프 카레
Classic Beef Curry

너 나 할 것 없이 모두가 푸르른 하늘 아래 행복하게 웃고 있는 그림이 그려지는 5월입니다. 어린이날, 어버이날은 물론이고 1년 중 더없이 들뜨고 아름다운 계절이다 보니 다 같이 맛있는 음식을 먹으러 근사한 식당에 가는 일도 많습니다.

특별한 기념일의 느낌, 하지만 가정에서 만들어 먹기에 더없이 좋은 카레 중 하나가 바로 소고기를 듬뿍 넣은 경양식풍의 카레입니다. 아무래도 밖에서 사 먹는 카레보다 고기를 아끼지 않고 만들 수 있어 푸짐하지요. 어디에서도 사 먹을 수 없을 만큼 든든하고 맛있는 카레를 만들어 봅시다. 리필 요청 쇄도에 냄비 한가득 끓인 카레가 금방 매진될 거예요.

INGREDIENT

홀 스파이스	시나몬 스틱 1개 클로브 5개 카르다몸 3개 월계수 잎 5장
파우더 스파이스	코리앤더 파우더 2큰술 커민 파우더 2작은술 파프리카 파우더 1작은술 가람 마살라 1/2작은술 강황 파우더 1/2작은술 후추 1/4작은술
본재료	소고기(부챗살 스테이크) 400g 홀 토마토 300g 양파 2개 당근 1개 양송이버섯 10개 간 마늘 2작은술 간 생강 1작은술 버터 100g 사과잼 2큰술 우스터 소스 1큰술 생크림 150ml 식용유 적당량 밀가루 2큰술 월계수 잎 3장 소금 2작은술 밑간용 소금, 후추 1~2꼬집 가니시용 생크림, 호로파 잎, 고수, 후추 약간

RECIPE

1

8

9

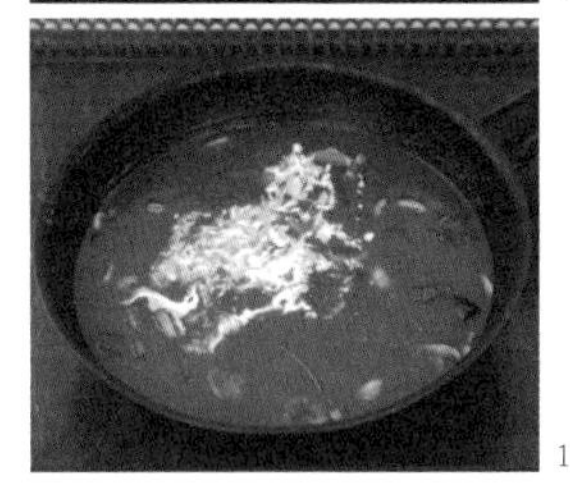
11

1. 소고기는 한입 크기로 썰고 소금, 후추를 뿌려 밑간합니다.
2. 양파는 잘게, 당근은 한입 크기로, 양송이버섯은 가늘게 썹니다.
3. 마른 팬에 파우더 스파이스 재료를 모두 넣어 약한 불에서 로스팅합니다.

   TIP 이때 타지 않도록 주의해 주세요.
4. 웍에 버터를 넣고 약한 불에서 버터가 모두 녹으면 홀 스파이스 재료를 모두 넣어 가열합니다.
5. 타닥타닥 튀는 소리가 들리고 고소한 냄새가 풍기면, 잘게 썬 양파를 모두 넣어 센 불에서 볶습니다.
6. 양파가 짙은 갈색이 되면, ③에서 로스팅한 파우더 스파이스와 밀가루를 넣어 20~30초간 센 불에서 타지 않도록 잘 섞으며 볶습니다.
7. 홀 토마토와 간 마늘, 간 생강을 넣고 토마토를 나무 주걱으로 으깨듯 볶습니다.
8. 별도의 팬에 식용유를 두르고, 밑간한 소고기를 센 불에서 굽습니다.

   TIP 카레에 넣어 푹 끓일 것이기 때문에 완벽하게 익힐 필요는 없습니다.
9. 소고기 겉면이 충분히 갈색빛이 돌면 썰어 둔 당근, 양송이버섯과 함께 ⑦에 넣습니다.
10. 물 600ml와 월계수 잎을 넣고 센 불에서 한 번 끓기 시작하면 약한 불로 줄여 30분 이상 한소끔 푹 끓입니다.

    TIP 끓이면 끓일수록 색과 맛이 진해집니다.
11. 사과잼과 우스터 소스, 소금으로 간한 뒤, 마지막으로 생크림과 호로파 잎을 더해 한소끔 더 끓입니다.
12. 접시에 카레를 옮겨 담고 생크림과 호로파 잎, 후추를 뿌린 뒤 취향에 따라 고수를 올립니다.

WHOLE BLACK
PEPPER

카레 나폴리탄 스파게티
Curry Napolitan Spaghetti

처음 나폴리탄 스파게티의 존재를 알았을 땐 의아했습니다. 신선한 맛의 토마토 스파게티를 놔두고 뭐 하러 굳이 케첩과 우스터 소스를 써서 간편식을 만들어 먹나 싶었거든요. 카레 출장을 위해 일본에 갔을 때 궁금증을 이기지 못하고 나폴리탄 스파게티만 전문으로 하는 작은 식당에 방문했습니다. 엄청난 맛은 아니었지만, '별것 아닌데 맛있는 맛'이어서 신선한 충격이었어요. 모든 요리가 그렇지만, 별것 아닌데 맛있고 기본에 충실하기가 힘든 법이거든요. 게다가 어릴 때 먹어 본 적 없는 스파게티인데도 불구하고 왠지 모를 향수를 불러일으키는 맛이었습니다.
재미있게도 저희 가게에서 카레 나폴리탄 스파게티를 맛본 손님들의 반응이 모두 비슷해요.
"먹어 본 적 없는데 왠지 익숙한 맛이에요." "분명 나폴리탄 스파게티와는 다른데 정말 맛있는 맛!"
카레 나폴리탄 스파게티는 케첩과 우스터 소스 대신, 향신료 카레 소스로 볶아 낸 스파게티입니다. 경양식 스파이스 카레와 베이스는 동일하지만, 마무리가 살짝 다른 카레예요. 가게에서 늘, 인기가 많은 메뉴입니다. 레트로풍 스파게티를 좋아하는 분들이라면 진심으로 추천합니다.

약간 매운맛

카레 나폴리탄 스파게티

INGREDIENT
(4인분)

홀 스파이스
- 클로브 5개
- 시나몬 스틱 1개
- 커민 시드 1작은술
- 머스터드 시드 1작은술

파우더 스파이스
- 코리앤더 파우더 1+1/2큰술
- 파프리카 파우더 2작은술
- 커민 파우더 2작은술
- 가람 마살라 1작은술
- 시나몬 파우더 1작은술
- 후추 1/2작은술
- 강황 파우더 1/4작은술

본재료
- 스파게티 면 400g ♦
- 소시지 200g ♦♦
- 청피망 1개
- 양송이버섯 10개
- 양파 1개
- 홀 토마토 600g
- 달걀 4개
- 다진 마늘 1작은술
- 다진 생강 1/2작은술
- 버터 60g
- 토마토 페이스트 2큰술
- 우스터 소스 3큰술
- 식용유 적당량
- 월계수 잎 1줌
- 호로파 잎 1줌
- 설탕 2큰술
- 소금 1큰술
- 면수용 소금 4큰술
- 가니시용 파르메산 치즈, 후추 약간

♦ 1인분 기준 스파게티 면 100g은 물 1L에 소금 1큰술을 넣고 삶습니다. 과정에서는 4인분을 한꺼번에 삶았지만 1인분씩 삶아서 조리해도 괜찮습니다.

♦♦ 소시지는 돼지고기 함량이 높고 짭짤한 것이 맛있습니다.

RECIPE

6

8

10

11

1. 소시지와 청피망, 양송이버섯, 홀 토마토는 얇게 썹니다.
2. 마른 팬에 파우더 스파이스 재료를 모두 넣어 약한 불에서 로스팅합니다. 색이 한층 진해지고 고소한 냄새가 나기 시작하면 완성입니다.
   TIP 이때 태우지 않도록 주의하세요.
3. 양파는 잘게 썹니다.
4. 중간 불에서 달군 웍에 버터 50g을 넣고 녹입니다.
   TIP 이때 버터가 타지 않도록 주의하세요.
5. 버터가 녹으면 홀 스파이스 재료를 모두 넣습니다. 향이 나고 타닥타닥 튀기 시작하면 잘게 썬 양파를 넣어 볶습니다.
6. 양파가 진한 갈색이 되면 다진 마늘, 다진 생강, 홀 토마토를 넣어 5분간 약한 불에서 볶습니다.
7. ②에서 로스팅한 파우더 스파이스 재료를 모두 넣어 센 불에서 약 30초간 볶습니다.
8. 물 400ml와 월계수 잎, 호로파 잎, 토마토 페이스트, 우스터 소스를 넣어 20분 이상 끓이고 설탕과 소금으로 간해 카레 소스를 완성합니다.
9. 냄비에 물 4L와 소금 4큰술을 넣어 끓어오르면 스파게티 면을 넣어 12분간 삶습니다.
10. 별도의 팬에 버터 10g을 넣어 녹이고 얇게 썬 소시지와 피망, 버섯을 넣어 볶습니다.
11. 푹 삶은 스파게티 면과 완성된 카레 소스를 더해 모든 재료에 소스가 잘 배도록 잘 섞으며 볶습니다.
    TIP 1인분 기준으로 카레 2~3국자가 적당하고 뻑뻑하면 면수 1국자를 추가해요.
12. 팬에 식용유를 두르고 달걀을 깨트려 넣어 반숙으로 프라이합니다.
13. ⑪을 접시에 옮겨 담고 파르메산 치즈를 뿌린 뒤 달걀 프라이를 올리고 후추를 뿌립니다.

OXYMORON

6月

June

구운 채소와 토마토 카레
만능 바나나 카레

구운 채소와 토마토 카레
Grilled Vegetable and Tomato Curry

여름이 오면 맛있는 과일도 많이 나오지만, 채소도 맛있게 익습니다. 특히 토마토가 제철인 계절이지요. 여름에 질 좋고 저렴한 제철 채소들만으로도 충분히 맛있는 카레를 만들 수 있습니다. 고기가 들어가지 않은 카레를 먹고 싶을 때, 혹은 냉장고의 채소들을 빨리 쓰고 싶을 때, 아니면 정말 맛있는 여름 맛 카레가 먹고 싶을 때 모두 추천합니다. 토핑으로 올라가는 구운 채소는 취향에 따라, 냉장고에 준비된 재료에 따라 준비하면 됩니다.

약간 매운맛

INGREDIENT

홀 스파이스	시나몬 스틱 1개 커민 시드 1작은술 월계수 잎 4장
파우더 스파이스	코리앤더 파우더 3큰술 커민 파우더 1큰술 파프리카 파우더 1큰술 가람 마살라 파우더 1작은술 강황 파우더 1/2작은술 후추 1/2작은술 시나몬 파우더 1/4작은술 칠리 파우더 1/4작은술 (생략 가능)
본재료	취향의 토핑용 채소 (가지, 애호박, 감자, 우엉, 당근, 피망, 버섯, 아스파라거스 등) 양파 2개 완숙 토마토 2~3개 혹은 홀 토마토 500g 간 마늘 2작은술 간 생강 2작은술 버터 혹은 코코넛 오일 3큰술 토마토 페이스트 3큰술 플레인 요거트 300g 꿀 1큰술 소금 1작은술 가니시용 호로파 잎, 핑크 페퍼, 후추 약간

RECIPE

1

7

9

10

1. 토핑용 채소들은 깨끗이 씻어 얇고 길쭉하게 썹니다.

   TIP 구워서 토핑으로 올리는 채소들이므로 한입 크기로 썰기보다는 길쭉하게 써는 것이 좋습니다.

2. 양파는 슬라이스하고, 토마토는 토막 내듯 잘게 썹니다.
3. 웍에 버터 혹은 코코넛 오일을 두르고 홀 스파이스 재료를 넣어 가열합니다.
4. 슬라이스한 양파를 넣고 진한 갈색이 될 때까지 볶습니다.
5. 간 마늘과 간 생강, 잘게 썬 토마토를 넣고 나무 주걱으로 토마토를 으깨듯 볶습니다.
6. 토마토가 어느 정도 졸여지면, 파우더 스파이스 재료를 모두 넣고 센 불에서 30초간 볶습니다.
7. 플레인 요거트를 넣고 수분을 잘 날리며 볶습니다.
8. 되직한 상태의 페이스트가 되었다면, 믹서기나 푸드 프로세서를 이용해 곱게 갑니다.
9. 다시 팬에 곱게 간 카레를 담고 물 400ml와 소금, 토마토 페이스트, 꿀을 넣어 잘 섞으며 중간 불에서 10분 이상 끓입니다.
10. 별도의 팬에 버터 혹은 식용유(분량 외)를 두르고, ①의 토핑용 채소들을 넣어 앞뒤로 노릇하게 굽습니다.
11. 접시에 카레를 옮겨 담고 구운 채소들을 올린 뒤 호로파 잎과 핑크 페퍼, 후추를 뿌립니다.

비건 카레로 변경하고 싶다면 버터 대신 코코넛 오일이나 비건 발효 버터, 플레인 요거트 대신 두유 요거트, 꿀 대신 코코넛 슈거를 사용하세요.

만능 바나나 카레
Banana Curry

바나나 한 송이를 사 놓고 다 먹지도 못했는데 벌써 절반이나 갈색 반점이 잔뜩 올라온 경험이 누구나 있을 겁니다. 처치 곤란한 바나나, 카레로 만든다면 빠르고 맛있게 해치울 수 있답니다.
카레에 웬 바나나냐고요? 의외로 카레에는 다양한 과일이 들어갑니다. 망고나 코코넛은 물론이고, 사과, 복숭아, 건포도, 타마린드 등등 그 범주는 생각보다 넓습니다. 카레에 바나나를 넣으면 자연스러운 단맛과 특유의 부드러운 텍스처를 연출할 수 있어요.
무엇보다 이 바나나 카레는, 웬만한 재료들과 기막히게 잘 어울립니다. 닭고기나 돼지고기는 물론이고 각종 채소, 두부, 병아리콩이나 렌틸콩, 심지어 낫토까지! 원하는 재료를 무엇이든 곁들일 수 있지요. 부엌 한쪽에서 검게 익어 가는 바나나를 구제할 수 있는 바나나 카레는 만능입니다.

약간 매운맛

비건(가니시용 생크림 제외 시)

INGREDIENT

홀 스파이스

머스터드 시드 1작은술
레드 칠리 5개

파우더 스파이스

코리앤더 파우더 4큰술
가람 마살라 파우더 1작은술
커민 파우더 1작은술
강황 파우더 1작은술
칠리 파우더 1/4작은술

본재료

완숙 바나나 2개
양파 2개
홀 토마토 200g
다진 마늘 2작은술
다진 생강 1작은술
코코넛 오일 3큰술
코코넛 밀크 200ml
소금 1작은술
커리 잎 1줌
호로파 잎 1줌
가니시용 다진 캐슈너트,
생크림, 호로파 잎, 후추 약간

RECIPE

1

6

7

8

1. 바나나는 믹서기로 갈거나 곱게 다져서 페이스트 상태로 만듭니다.
2. 양파는 잘게 다집니다.
3. 웍에 코코넛 오일을 두르고, 홀 스파이스 재료를 넣어 가열합니다.
4. 고소하면서 매운 냄새가 올라오면, 다진 양파를 넣어 센 불에서 볶습니다.
5. 양파가 진한 갈색이 되면 다진 마늘과 다진 생강, 홀 토마토를 넣고 나무 주걱으로 으깨듯 볶습니다.
6. 토마토의 수분이 어느 정도 날아가면 파우더 스파이스 재료를 모두 넣어 센 불에서 30초간 볶습니다.
7. 바나나 페이스트와 물 400ml를 넣어 잘 섞으며 센 불에서 끓입니다.
8. 카레가 한 번 끓어오르고 나면 중간 불로 줄인 후 코코넛 밀크, 소금, 커리 잎, 호로파 잎을 넣어 끓입니다.
9. 카레가 한소끔 끓고 나면 약한 불로 줄여 약 10분간 더 뭉근하게 끓입니다.

   TIP 부드러운 질감을 원한다면 레드 칠리와 커리 잎을 건져낸 후, 완성된 카레를 믹서기로 갈아도 좋아요.

10. 접시에 카레를 옮겨 담고 생크림을 한 바퀴 두른 뒤 다진 캐슈너트와 호로파 잎, 후추를 뿌립니다.

카레를 완성한 직후 바나나 맛이 가장 선명하며, 하룻밤 이상 숙성하고 나면 전체적으로 맛이 어우러져 맛있습니다.

7月

July

망고 코코넛 쉬림프 카레
키마 타코라이스

망고 코코넛 쉬림프 카레
Mango Coconut Shrimp Curry

무더운 여름이 되면 부드럽고 고소한 카레보다는 산뜻하고 가벼운 카레가 생각납니다. 특히 더운 날씨가 지속되는 남인도에서는, 입맛을 되찾기 위해 카레에 특별한 재료를 넣습니다. 바로 타마린드라는 열매입니다. 딱딱한 껍질을 벗기면 씨가 가득한 과육이 나오는데, 마치 곶감의 질감과 비슷하지만 산미가 매우 강합니다. 태국에서는 타마린드를 넣은 음료수가 대중적이기도 해요.
여기에 달콤한 망고와 다채로운 향신료를 듬뿍 넣어 만든 카레는 마치 여름 축제와도 같은 맛입니다. 카레에서 의외로 중요한 요소 중 하나가 바로 산미입니다. 산미는 음식의 맛을 결정하는 중요한 요소이기도 하지요. 망고 코코넛 쉬림프 카레를 한입 맛보면, 금세 이국땅에 와 있는 듯한 느낌이 들 거예요.

중간 매운맛

INGREDIENT

홀 스파이스
머스터드 시드 1작은술
레드 칠리 5개
커리 잎 1줌

파우더 스파이스
코리앤더 파우더 2큰술
파프리카 파우더 1큰술
커민 파우더 2작은술
가람 마살라 파우더 1작은술
강황 파우더 1/2작은술
후추 1/2작은술
칠리 파우더 1/4작은술

새우 마리네이드용 스파이스
커민 시드 1작은술
파프리카 파우더 1작은술
강황 파우더 1/4작은술
소금 1꼬집

본재료
냉동 생새우(50~70미) 15마리
양파 1개
홀 토마토 300g
망고 200g
타마린드 30g ♦
다진 마늘 1작은술
다진 생강 1작은술
건포도 1줌(생략 가능)
호로파 잎 1줌
코코넛 오일 4큰술
코코넛 밀크 300ml
소금 2작은술
설탕 혹은 코코넛 슈거 1큰술
가니시용 영콘, 마살라 파파드 ♦♦, 코코넛 칩, 그린 레이즌 ♦♦♦, 호로파 잎, 민트, 후추 약간

♦ 과일의 일종으로, 반건조 곶감 속 같은 질감에 새콤달콤한 맛이 강렬합니다. 씨를 제거한 제품을 사용하는 것이 편하며, 따뜻한 물에 풀어 두었다가 체에 걸러 사용합니다. 남인도 카레나 태국 카레를 만들 때 주로 씁니다.

♦♦ 향신료 맛이 나는 얇고 바삭한 렌틸 웨이퍼 과자로 남인도에서 주로 카레와 곁들여 먹습니다. 나초나 토르티야 같은 바삭한 식감을 냅니다.

♦♦♦ 그린 레이즌은 청포도를 말린 것입니다. 연둣빛을 띠고 있으며 맛은 건포도와 비슷합니다.

2

6

9

10

11

1. 양파는 얇게 슬라이스하고, 망고는 곱게 갑니다.
2. 볼에 뜨거운 물 100ml를 담고 타마린드를 넣어 30분 이상 불립니다.
3. 또 다른 볼에 새우를 담고 새우 마리네이드용 스파이스를 모두 담은 뒤 잘 버무려 30분 이상 냉장 보관합니다.
4. 마른 팬에 파우더 스파이스 재료를 모두 넣고 약한 불에서 로스팅합니다. 색이 한층 짙어지고 구수한 냄새가 나면 완성입니다.
   TIP 이때 타지 않도록 주의하세요.
5. 웍에 코코넛 오일 3큰술을 두르고 홀 스파이스 재료를 모두 넣어 가열합니다.
6. 고소하면서 매운 냄새가 나면, 썰어 둔 양파를 넣어 볶습니다.
7. 양파가 짙은 갈색이 되면 홀 토마토와 다진 마늘, 다진 생강을 넣어 으깨듯 볶습니다.
8. 토마토의 수분이 어느 정도 날아가면 ④에서 로스팅한 파우더 스파이스를 넣고 센 불에서 30초간 볶습니다.
9. 물 400ml와 갈아 둔 망고, 건포도, 호로파 잎, 소금과 설탕을 넣어 한소끔 끓입니다.
10. 불린 타마린드를 체에 걸러 즙을 짜 넣고 코코넛 밀크도 함께 넣어 끓입니다.
11. 별도의 팬에 코코넛 오일 1큰술을 두르고 마리네이드한 새우를 올려 앞뒤로 노릇하게 굽습니다.
    TIP 너무 오래 구우면 새우의 식감이 질겨질 수 있으므로 센 불에서 짧게 구워 주세요.
12. 접시에 카레를 옮겨 담고 구운 새우와 영콘, 마살라 파파드를 올린 뒤 취향에 따라 코코넛 칩, 그린 레이즌, 호로파 잎, 민트, 후추를 뿌립니다.

키마 타코라이스
Keema Taco Rice

전혀 다른 나라의 음식인데도 어쩐지 서로 닮아 있는 경우가 있습니다. 치킨 티카 마살라 카레는 얼핏 닭볶음탕이 생각나고, 포크 빈달루 카레는 매운 돼지갈비찜 같기도 합니다. 키마 카레는 워낙 종류가 다양하지만 소스가 있는 타입은 라구와 비슷하고, 드라이한 타입은 멕시코의 칠리 비프 타코를 떠올리게 하지요. 이번에 소개할 키마 타코라이스는 이와 비슷한 아이디어에서 탄생한 음식입니다. 일본 오키나와에는 '타코라이스'라는 이름의 멕시칸 요리의 변주 버전이 있습니다. 일반적인 타코가 토르티야에 말아 먹는 형태라면, 타코라이스는 동북아인들의 주식인 쌀을 곁들여 먹는 형태이지요.
타코를 만들 때도 향신료가 들어가지만, 키마 카레는 훨씬 더 강력한 향신료 맛을 자랑합니다. 여기에 맥주 한 잔을 곁들인다면, 그 누구도 부럽지 않은 여름의 식사를 할 수 있을 거예요.

약간 매운맛

INGREDIENT

홀 스파이스	시나몬 스틱 1개
	클로브 5개
	카르다몸 5개
	커민 시드 1작은술
파우더 스파이스	코리앤더 파우더 2큰술
	커민 파우더 1큰술
	파프리카 파우더 2작은술
	시나몬 파우더 1작은술
	강황 파우더 1작은술
	후추 1/2작은술
	칠리 파우더 1/4작은술
본재료	소고기(다짐육) 400g
	양파 1개
	홀 토마토 300g
	다진 마늘 1작은술
	다진 생강 1작은술
	토마토 페이스트 1큰술
	식용유 3큰술
	뜨거운 물 100ml
	소금 2작은술
	설탕 1큰술
	밑간용 소금, 후추 약간
토핑(1인분 기준)	멕시칸 치즈 1줌
	양상추 1/8개
	아보카도 1/4개
	방울토마토 4개
	사워크림 2큰술
	나초 칩 적당량
	할라페뇨 적당량
	고수 적당량

RECIPE

2

4

8

1. 소고기는 소금, 후추로 밑간해 10분 이상 둡니다.
2. 양파는 잘게 다집니다. 토핑용 양상추는 채 썰고 방울토마토는 반으로 자릅니다. 아보카도와 고수는 잘게 썹니다.
3. 냄비에 식용유를 두르고, 홀 스파이스 재료를 모두 넣어 가열합니다.
4. 타닥타닥 튀는 소리가 나기 시작하면 다진 양파를 넣어 잘 섞으며 볶습니다.
5. 양파가 진한 갈색이 되면 홀 토마토와 다진 마늘, 다진 생강을 넣어 나무 주걱으로 으깨듯 볶습니다.
6. 토마토의 수분이 어느 정도 날아가면 파우더 스파이스 재료를 모두 넣어 센 불에서 30초간 볶습니다.
7. 뜨거운 물을 붓고 밑간한 소고기와 토마토 페이스트를 넣어 잘 섞으며 볶습니다. 이때 소금과 설탕으로 간합니다.
8. 약한 불에서 계속 졸여 물기가 전부 날아간 드라이 카레로 만듭니다.
9. 접시에 밥을 담고 그 위에 완성한 카레와 채 썬 양상추, 멕시칸 치즈를 차례대로 얹습니다. 접시 주변에는 방울토마토, 나초 칩, 할라페뇨를 곁들입니다.
10. 마지막으로 사워크림과 고수를 얹습니다.

8月

August

타이 레드 치킨 카레
타이 그린 쉬림프 카레

타이 레드 치킨 카레
Thai Red Chicken Curry

전 세계적인 코로나의 유행 전까지만 해도 8월은 휴가의 계절이었지요. 워낙 더운 나라여서 한여름에는 오히려 잘 가지 않는 여행지이지만, 더운 날씨에 생각나는 휴양지로 태국이 바로 떠오릅니다. 미식을 즐기며 독특한 풍경을 바라보고 휴식을 취하기에 이만한 곳이 또 있을까요.
집에서 태국의 카레를 만들며 아쉬운 마음을 달래 보세요. 부엌에서 피어오르는 이국적인 향과 맛이 그 마음을 충분히 위로해 줄 거예요.
레드 치킨 카레는 똠양꿍과도 비슷하고, 우리나라의 닭개장 같은 느낌이 들기도 합니다. 신선한 타이 칠리를 이용해 직접 커리 페이스트를 만들어 먹으면 배로 맛있지만, 손쉽게 시판용 타이 레드 커리 페이스트를 사용해서 만들어도 좋습니다.

중간 매운맛

타이 레드 치킨 카레

INGREDIENT

레드 커리 페이스트 재료	타이 레드 칠리 1/2컵 ◆◆ 양파 1/4개 혹은 샬롯 3개 레몬그라스 2개 ◆◆ 갈랑가 1/4컵 ◆ 고수 뿌리 3개(생략 가능) 다진 마늘 3큰술 코리앤더 시드 2큰술 커민 시드 1큰술 카피르 라임 잎 5장
파우더 스파이스	코리앤더 파우더 1작은술 커민 파우더 1/2작은술 칠리 파우더 1/4~1/2작은술
본재료	닭다리살 400g 홍피망 1개 단호박 1/2개 죽순 1/2캔 레몬그라스 3개 카피르 라임 잎 1줌 코코넛 오일 1큰술 코코넛 밀크 400ml 피시 소스 1큰술 ◆◆◆ 코코넛 슈거 2큰술 소금 약간 가니시용 코코넛 밀크, 바질, 후추 약간

사용하는 레드 칠리의 종류에 따라 매운맛의 정도가 달라질 수 있습니다. 시판 페이스트를 사용하는 경우 50g만 사용하고, 직접 만드는 경우 위의 재료를 이용한 페이스트를 전부 사용하되, 시판 페이스트처럼 간이 따로 되어 있지 않으므로 피시 소스나 소금 등으로 간을 더해 주세요.

◆ 생강과 비슷한 외형이지만 훨씬 크고 아삭한 질감이며, 시트러스 향이 진합니다. 냉동 혹은 건조 제품도 판매하지만, 생으로 된 것을 사용하세요. 곰팡이에 취약하니 보관에 유의하세요.

◆◆ 건조한 것이 아닌 싱싱한 것을 쓰세요.

◆◆◆ 피시 소스는 제조사마다 짠맛의 강도와 풍미가 다릅니다. 태국 카레는 소금을 쓰지 않고 피시 소스로만 간하기 때문에 1큰술을 기준으로 맛을 보며 소량씩 가감해 주세요.

c

레드 커리 페이스트 만들기

a. 레드 칠리는 반으로 갈라 씨를 모두 털어 내고 잘게 썹니다.

b. 양파와 레몬그라스, 갈랑가, 고수 뿌리는 잘게 썹니다.

c. 모든 재료를 절구에 넣어 페이스트 상태가 될 때까지 빻습니다. 믹서기나 푸드 프로세서를 사용해도 됩니다.

TIP 이때 잘 갈지 않으면 레몬그라스의 섬유질이 씹혀 카레를 먹을 때 불편할 수 있습니다. 잘 갈리지 않으면 물 1큰술을 넣고 갈아 주세요.

2

3

4

5

1. 닭다리살과 피망, 죽순, 단호박은 먹기 좋은 크기로 자릅니다.
2. 볼에 코코넛 밀크와 레드 커리 페이스트, 파우더 스파이스 재료를 모두 넣고 뭉침 없이 잘 섞습니다.
3. 웍에 코코넛 오일을 두르고 중간 불에서 닭다리살을 앞뒤로 노릇하게 굽습니다. 이때 소금을 뿌려 간합니다.
4. ①에서 손질한 채소와 레몬그라스, 카피르 라임 잎, ②와 ③을 모두 넣고 센 불에서 끓인 뒤 한소끔 끓어오르면 약한 불로 줄입니다.

   TIP 레몬그라스의 뿌리 부분을 칼등으로 살짝 저며서 넣으면 향이 더 잘 우러납니다.
5. 단호박이 익으면 피시 소스와 코코넛 슈거를 넣어 간을 더합니다.
6. 접시에 카레를 옮겨 담고 바질을 올린 뒤 코코넛 밀크와 후추를 뿌립니다.

타이 그린 쉬림프 카레
Thai Green Shrimp Curry

가장 개성 있는 태국 카레를 고르라면, 저는 두말 않고 그린 카레를 고를 겁니다. 허브류를 잘 활용하는 태국 음식의 정점과도 같은 카레입니다. 특히 바질과 고수를 이용해 페스토를 만들기 때문에 이 두 가지 허브를 좋아하는 분들이라면 꼭 도전해 보세요. 호불호가 갈리기도 하지만, 한번 입맛을 들이면 그 매력에 푹 빠지는 중독성 강한 카레이기도 합니다.

일반적인 그린 카레보다 색과 맛, 향이 더 진한 카레를 만들 수 있는 비법을 소개합니다. 만약 비건식으로 만들고 싶다면 새우와 새우젓, 피시 소스를 빼고 채소 토핑 종류를 늘린 후 간장으로 간하면 됩니다.

중간 매운맛

타이 그린 쉬림프 카레

INGREDIENT

그린 커리 페이스트 재료

양파 1/2개 혹은 샬롯 4~5개
레몬그라스 2개
갈랑가 1/4컵
고수(뿌리째) 1/2컵
풋고추 1/2컵
바질 1컵
코리앤더 시드 1작은술
커민 시드 1작은술
다진 마늘 1작은술
다진 생강 1작은술
새우젓 1작은술

본재료

냉동 생새우(50~70미) 20마리
가지 1개
주키니 1/2개
홍피망 1개
레몬그라스 4개
카피르 라임 잎 1줌
식용유 적당량
코코넛 밀크 400ml
피시 소스 1큰술
코코넛 슈거 1+1/2큰술
소금 약간
가니시용 코코넛 밀크, 바질, 후추 약간

시판 그린 커리 페이스트를 사용해도 좋습니다. 시판 페이스트를 사용할 경우 100g만 사용하고, 직접 만드는 경우 위의 재료를 이용한 페이스트를 전부 넣어 함께 끓이세요. 다만 직접 만들면 시판 커리 페이스트보다 간이 약하기 때문에 피시 소스 등으로 간을 더하길 추천합니다.

b

그린 커리 페이스트 만들기

a. 양파와 레몬그라스, 갈랑가, 고수, 풋고추, 바질은 모두 잘게 다집니다.

b. 모든 재료를 절구에 넣어 페이스트 상태가 될 때까지 빻습니다. 믹서기나 푸드 프로세서를 이용해도 좋습니다.

TIP 재료가 잘 갈리지 않는다면 물을 조금씩 넣어서 함께 갈아 주세요.

1

3

5

1. 가지는 얇게 편 썰고 주키니는 얇게 반달 모양으로 썹니다.
2. 홍피망은 먹기 좋은 크기로 썹니다.
3. 냄비에 앞서 만들어 둔 그린 커리 페이스트와 코코넛 밀크, 카피르 라임 잎, 레몬그라스를 넣어 중간 불에서 10분 이상 푹 끓입니다.

   TIP 레몬그라스의 뿌리 부분을 칼등으로 살짝 저며서 넣으면 향이 더 잘 우러납니다.
4. 피시 소스와 코코넛 슈거로 간을 더합니다.
5. 팬에 식용유를 두르고 가지와 주키니를 넣어 중간 불에서 살짝 익힙니다.
6. 새우와 홍피망을 추가로 넣어 중간 불에서 노릇해질 때까지 굽고 소금 1꼬집을 뿌려 간합니다.
7. 접시에 카레를 옮겨 담고 구운 새우와 채소들을 올립니다. 마지막으로 바질을 올리고 코코넛 밀크와 후추를 뿌립니다.

9月

September

피시 카레
캐슈너트 키마 카레

피시 카레
Fish Curry

무더웠던 여름의 여운이 남아 있는 미지근한 날씨인 9월. 더불어 가을의 시작을 알리는 달이기도 합니다. 입맛은 상큼하고 가벼운 것을 찾고, 눈으로는 길가의 이파리들이 노랗고 빨갛게 익어가는 모습을 반가이 좇게 되지요.

구운 흰살생선을 곁들인 피시 카레는 그런 계절에 딱 어울리는 카레입니다. 아주 무겁지도 않고, 그렇다고 아주 가볍지도 않은 산뜻한 카레지요. 레몬과 플레인 요거트를 넣어 산미를 더하고, 카피르 라임 잎과 레몬그라스로 상큼한 향을 전하는 피시 카레는 어디서도 맛볼 수 없는 특별한 가을의 경험을 선사합니다.

약간 매운맛

INGREDIENT

홀 스파이스	머스터드 시드 1작은술 펜넬 시드 1/2작은술 호로파 시드 1/2작은술 레드 칠리 5개
파우더 스파이스	코리앤더 파우더 2큰술 커민 파우더 1큰술 가람 마살라 파우더 1작은술 파프리카 파우더 1/2작은술 강황 파우더 1/2작은술 칠리 파우더 1/8작은술
본재료	흰살생선 필렛 200~300g 양파 1+1/2개 홀 토마토 200g 라임 1/8개 다진 마늘 1작은술 다진 생강 1작은술 레몬그라스 2개 카피르 라임 잎 10장 호로파 잎 1줌 플레인 요거트 100g 코코넛 오일 4큰술 코코넛 밀크 400ml 레몬 1/2개 분량의 즙 소금 1작은술 설탕 1큰술 밑간용 소금, 후추 약간 가니시용 생크림, 딜, 민트, 핑크 페퍼, 후추 약간

RECIPE

1

5

6

9

1. 흰살생선은 소금과 후추로 밑간합니다.
2. 양파는 잘게 다집니다.
3. 웍에 코코넛 오일 3큰술을 두르고, 홀 스파이스 재료를 모두 넣어 가열합니다.
4. 잘게 다진 양파를 넣어 연한 갈색이 될 때까지 볶습니다.
5. 홀 토마토와 다진 마늘, 다진 생강을 넣어 나무 주걱으로 으깨듯 볶습니다.
6. 어느 정도 수분이 날아가면 플레인 요거트를 넣고, 마찬가지로 수분이 날아갈 때까지 볶습니다.
7. 파우더 스파이스 재료를 모두 넣어 센 불에서 약 30초간 볶습니다.
8. 물 300ml와 레몬즙, 호로파 잎, 레몬그라스, 카피르 라임 잎을 넣어 향채의 향이 잘 우러날 때까지 한소끔 끓입니다.
9. 코코넛 밀크와 소금, 설탕을 넣어 간하고 한 번 끓어오르고 나서 약한 불로 줄여 약 10분간 더 끓입니다.
10. 별도의 팬에 코코넛 오일 1큰술을 두르고 밑간해 둔 흰살생선을 올려 굽습니다.
11. 접시에 카레와 구운 생선을 옮겨 담습니다. 마지막으로 생크림과 핑크 페퍼, 후추를 뿌린 뒤 딜과 민트를 올리고 라임을 짜서 즙을 뿌립니다.

캐슈너트 키마 카레
Cashew Nut Keema Curry

그동안 가게에서 선보인 계절의 키마 카레 중 가장 오래된 메뉴가 바로 가을의 캐슈너트 키마 카레입니다. 인도 카레에서 예상 외로 많이 쓰이는 재료가 바로 캐슈너트인데요. 식감과 맛을 더하기 위해 함께 들어가는 완두콩과 건포도도 마찬가지입니다. 이런 다양한 요소들이 만나 풍요로운 가을의 맛 그 자체를 담은 카레가 됩니다.
이 카레의 특징은 일반적으로 키마 카레라고 했을 때 생각하는 드라이 카레가 아닌 '그레이비 카레'입니다. 인도의 카레는 크게 소스가 없는 드라이 카레와, 소스가 있는 그레이비 카레 두 가지로 나눌 수 있는데요. 이번 레시피는 묽은 타입의 키마 카레입니다.

약간 매운맛

캐슈너트 키마 카레

INGREDIENT

분쇄용 홀 스파이스	카르다몸 5개 클로브 5개 레드 칠리 5개 커민 시드 1작은술 통후추 1작은술
홀 스파이스	시나몬 스틱 1개 머스터드 시드 1작은술 월계수 잎 4장
파우더 스파이스	코리앤더 파우더 3큰술 가람 마살라 파우더 1작은술 파프리카 파우더 1작은술 강황 파우더 1/2작은술
본재료	돼지고기(다짐육) 400g 양파 2개 홀 토마토 150g 캐슈너트 1컵 완두콩 1/2컵 건포도 1/4컵 호로파 잎 1줌 월계수 잎 4장 다진 마늘 1작은술 다진 생강 1작은술 코코넛 오일 3큰술 코코넛 밀크 100ml 소금 1작은술 설탕 또는 코코넛 슈거 2작은술 가니시용 다진 캐슈너트, 작게 썬 그린 빈, 건포도, 고수, 실고추, 호로파 잎, 핑크 페퍼 약간

RECIPE

8

9

12

1. 캐슈너트는 180도로 예열한 오븐에 넣어 약 10분간 굽고 충분히 식힌 뒤 곱게 갈아 줍니다.

   TIP 굽는 중간중간 타거나 덜 익는 부분이 생기지 않도록 뒤적여 주세요.

2. 건포도는 따뜻한 물에 넣어 20분 이상 불립니다.
3. 양파는 잘게 다집니다.
4. 마른 팬에 분쇄용 홀 스파이스 재료를 모두 넣어 중간 불에서 볶습니다.
5. 향신료의 향과 매운기가 올라오면 불을 끄고 믹서기에 넣어 곱게 갈아 줍니다.
6. 웍에 코코넛 오일을 두르고, 홀 스파이스 재료를 모두 넣어 가열합니다.
7. 타닥타닥 튀는 소리가 들리고 고소한 냄새가 풍기면, 다진 양파를 넣어 진한 갈색이 되도록 볶습니다.
8. 홀 토마토와 다진 마늘, 다진 생강을 넣어 나무 주걱으로 으깨듯 볶습니다.
9. 수분이 어느 정도 날아가면 파우더 스파이스 재료를 모두 넣어 센 불에서 30초간 볶습니다.
10. 별도의 팬에 돼지고기를 넣어 센 불에서 잘 익을 때까지 볶습니다.
11. 웍에 익힌 돼지고기, 앞서 로스팅 후 분쇄한 ⑤의 스파이스, ⑧의 카레 페이스트를 넣고 물 300ml을 넣어 센 불에서 10분 이상 끓입니다.
12. 카레가 끓어오르고 나면 코코넛 밀크, 호로파 잎, 월계수 잎, 완두콩, 불린 건포도를 넣어 약 10분간 더 끓이고 소금과 설탕으로 간합니다.
13. 접시 중앙에 밥을 담고 주변으로 카레를 둘러 담은 뒤 밥 위에 고수와 실고추를 올립니다. 마지막으로 카레 위에 갈아 둔 캐슈너트와 작게 썬 그린 빈, 건포도, 호로파 잎, 핑크 페퍼를 뿌립니다.

10月

October

포크 빈달루 카레
연어 크림 카레

포크 빈달루 카레
Pork Vindaloo Curry

음식은 한 나라의 문화적 뿌리에 근거하기도 하지만, 때로는 여러 문화가 혼재되어 탄생하기도 합니다. 맛있는 것과 맛있는 것이 만나면 더 맛있는 법이니까요. 지금 소개할 인도식 카레, 포크 빈달루도 마찬가지입니다. 인도 서부의 고아 지방은 포르투갈의 지배를 받아 식문화 역시 큰 영향을 받았는데요. 빈달루의 빈은 와인을 뜻합니다. 아마도 와인을 넣어 끓이는 유럽식 스튜에서 기원하지 않았나 싶지만, 이후에는 와인 아닌 와인을 이용해 만드는 발사믹 비네거를 쓰는 쪽으로 바뀌었습니다.
강렬한 붉은색의 포크 빈달루는, 어찌 보면 우리나라의 매운 돼지갈비찜과 비슷하기도 합니다. 매운맛을 선호하지 않는다면 칠리 파우더를 조금 줄여서 만들어 보세요. 그리고, 이 카레를 먹을 땐 꼭 플레인 요거트를 곁들여 함께 먹어 보길 바랍니다. 맛있어서 깜짝 놀랄 거예요.

아주 매운맛

INGREDIENT

마리네이드용 홀 스파이스	레드 칠리 15개 머스터드 시드 1작은술 커민 시드 1작은술 통후추 1작은술 클로브 5개 카르다몸 5개
홀 스파이스	시나몬 스틱 1개 월계수 잎 4장
마리네이드용 파우더 스파이스	코리앤더 파우더 2큰술 파프리카 파우더 2작은술 커민 파우더 1작은술 강황 파우더 1/2작은술 칠리 파우더 1/4작은술
파우더 스파이스	코리앤더 파우더 1큰술 파프리카 파우더 1작은술 커민 파우더 1작은술
마리네이드용 밑재료	간 마늘 1작은술 간 생강 2작은술 발사믹 비네거(레드 와인 비네거 혹은 화이트 와인 비네거로 대체 가능) 5큰술 코코넛 밀크 파우더 1큰술 소금 1/4작은술
본재료	돼지고기(목살 또는 삼겹살) 400g 양파 1+1/2개 다진 마늘 1작은술 다진 생강 1작은술 식용유 5큰술 뜨거운 물 500ml 꿀 3큰술 호로파 잎 1줌 소금 1작은술 가니시용 플레인 요거트, 고수, 호로파 잎, 핑크 페퍼, 후추 약간

4

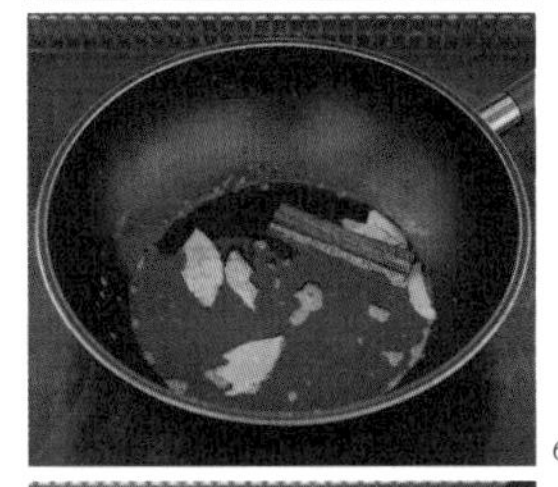
6

9

10

1. 돼지고기는 두툼한 덩어리로 썰어 줍니다.
2. 마른 팬에 마리네이드용 홀 스파이스 재료를 모두 넣고 약한 불에서 로스팅합니다.
3. 고소하고 매운 향이 올라오면 불을 끈 뒤 믹서기에 넣고 갈아 줍니다.
   TIP 너무 곱게 갈지 않고 굵은 고춧가루 정도의 입자면 괜찮습니다.
4. 볼에 돼지고기를 담고 ③과 마리네이드용 파우더 스파이스 재료, 마리네이드용 밑재료를 모두 함께 넣어 잘 버무린 뒤 랩을 씌워 냉장고에 넣고 하룻밤 동안 숙성합니다.
5. 양파는 얇게 슬라이스합니다.
6. 웍에 식용유 3큰술을 두르고, 홀 스파이스 재료를 모두 넣어 가열합니다.
7. 썰어 둔 양파를 넣고 진한 갈색이 될 때까지 볶습니다.
8. 파우더 스파이스 재료와 다진 마늘, 다진 생강을 넣어 센 불에서 30초간 볶습니다.
9. 별도의 팬에 식용유 2큰술을 두르고 마리네이드한 돼지고기를 넣어 센 불에서 앞뒤로 바싹 구워 줍니다.
   TIP 속까지 다 익지 않아도 괜찮아요.
10. 고기가 잘 구워지면 ⑧의 카레 페이스트를 넣고 뜨거운 물을 넣어 중간 불에서 끓입니다.
11. 카레가 끓어오르면 꿀과 호로파 잎을 넣고 소금으로 간한 뒤 약한 불에서 약 20분간 끓입니다.
12. 접시에 카레를 옮겨 담고 플레인 요거트와 고수를 한쪽에 올린 뒤 호로파 잎과 핑크 페퍼, 후추를 뿌립니다.

연어 크림 카레
Salmon Cream Curry

스테이크용 연어를 구입해 본 적이 있나요? 요즘에는 인터넷으로도 손쉽게 최상급의 말발굽 모양 연어 스테이크를 구할 수 있고, 대형 마트나 백화점에 가도 스테이크용 연어 필렛을 만나 볼 수 있습니다. 특히, 마트의 마감 세일 타임을 이용하면 훨씬 더 저렴한 가격에 구입할 수 있지요.
문제는 그다음입니다. 일반적인 연어 스테이크는 버터나 오일, 약간의 허브를 곁들여 구워 내지요. 한 번쯤 먹어 볼 만하지만 왠지 심심하고 물리는 느낌이 없지 않아 있습니다.
연어와 잘 어울리는 향신료 카레 레시피를 소개합니다. 담백한 연어의 맛과 향신료가 만나 감칠맛을 올려 줍니다. 해산물과 특히 잘 어울리는 레시피이므로, 오징어나 조개류 등으로 만들어도 좋습니다.

약간 매운맛

INGREDIENT

홀 스파이스	머스터드 시드 1작은술
파우더 스파이스	코리앤더 파우더 2큰술 커민 파우더 1작은술 강황 파우더 1작은술 가람 마살라 파우더 1/2작은술 칠리 파우더 1/4작은술
본재료	스테이크용 연어 200~300g 양파 2개 다진 마늘 2작은술 다진 생강 2작은술 커리 잎 1줌 호로파 잎 1줌 플레인 요거트 100g 코코넛 오일 3큰술 식용유 적당량 코코넛 밀크 200ml 레몬 1/2개 분량의 즙 소금 2작은술 설탕 2작은술 밑간용 소금, 후추 약간 가니시용 생크림, 딜, 호로파 잎, 핑크 페퍼, 후추 약간 가니시용 레몬 1/2개

RECIPE

1

4

5

7

1. 스테이크용 연어는 소금과 후추로 밑간합니다.
2. 양파는 얇게 슬라이스합니다.
3. 웍에 코코넛 오일을 두르고 홀 스파이스 재료를 넣어 가열합니다.
4. 슬라이스한 양파와 다진 마늘, 다진 생강을 넣고 양파가 부드러운 갈색빛이 돌 때까지 볶습니다.
5. 파우더 스파이스 재료를 모두 넣고 센 불에서 30초간 볶습니다.
6. 플레인 요거트를 넣고 볶다가 수분이 날아가면 물 400ml를 넣고 끓입니다.
7. 끓어오르면 코코넛 밀크와 레몬즙, 커리 잎, 호로파 잎, 소금, 설탕을 넣습니다.
8. 다시 한번 끓어오르면 약한 불로 줄여 10분간 더 끓입니다.
9. 별도의 팬에 식용유를 두르고 밑간한 연어를 올려 굽습니다.
10. 접시에 카레를 옮겨 담고 구운 연어를 올린 뒤 생크림과 딜, 호로파 잎, 핑크 페퍼, 후추를 뿌리고 가니시용 레몬을 짜서 즙을 뿌립니다.

11月

November

미트볼 크림 카레
어묵 수프 카레

미트볼 크림 카레
Meatball Cream Curry

미트볼과 카레는 언제나 잘 어울리는 조합입니다. 향신료 카레와 특히 잘 어울리는 인도식 미트볼, 코프타kofta를 만들어 볼 거예요. 인도식 미트볼과 일반 미트볼의 다른 점은 견과류와 향신료, 향채가 들어간다는 점입니다. 하지만 생각보다 이국적인 향이 지배적이지는 않고, 카레와 무척 잘 어우러집니다. 원래는 양고기나 염소 고기로 만들지만, 무난하게 소고기로 대체한 레시피를 소개합니다. 만약 양고기를 좋아하는 분들이라면 다진 양고기를 써서 만들어 보세요. 인도 현지의 맛을 느낄 수 있습니다.
특별한 인도식 미트볼을 만들었으니 카레 또한 북인도식의 크림 카레를 곁들입니다. 북인도의 코르마korma 카레는 견과류 페이스트나 유제품을 넣어 부드러운 맛을 자랑한답니다. 부드럽고 깊은 맛의 크림 카레를 좋아하는 분들이라면 꼭 만들어 보세요.

약간 매운맛

INGREDIENT

미트볼 재료	소고기 혹은 양고기(다짐육) 400g 캐슈너트 20g 풋고추(혹은 꽈리고추) 5개 양파 1개 다진 마늘 1큰술 다진 생상 1큰술 고수 1줌 민트 1/2줌 달걀 1개 빵가루 3큰술 소금 1/2작은술 설탕 1큰술
미트볼용 홀 스파이스	커민 시드 1/2작은술 펜넬 시드 1/4작은술
미트볼용 파우더 스파이스	코리앤더 파우더 2작은술 가람 마살라 파우더 1/2작은술 파프리카 파우더 1/2작은술 후추 1/2작은술 시나몬 파우더 1/4작은술 칠리 파우더 1/4작은술
홀 스파이스	시나몬 스틱 1개 커민 시드 1작은술 머스터드 시드 1작은술 클로브 1작은술 레드 칠리 3개
파우더 스파이스	코리앤더 파우더 2큰술 커민 파우더 1/2큰술 가람 마살라 파우더 1작은술 파프리카 파우더 1작은술 강황 파우더 1작은술 시나몬 파우더 1/4작은술
본재료	양파 1+1/2개 홀 토마토 200g 캐슈너트 100g 다진 마늘 1작은술 다진 생강 1작은술 호로파 잎 1줌 식용유 6큰술 생크림 400ml 소금 1작은술 설탕 2작은술 가니시용 생크림, 양파 플레이크, 딜, 호로파 잎, 핑크 페퍼, 후추 약간

RECIPE

1. 미트볼 재료인 캐슈너트와 풋고추, 양파, 고수, 민트는 잘게 다집니다.
2. 볼에 나머지 미트볼 재료를 모두 담고 ①과 미트볼용 홀 스파이스, 미트볼용 파우더 스파이스의 모든 재료를 넣어 골고루 치댑니다.
   TIP 부서지는 식감이 아닌 부드러운 식감의 미트볼을 원한다면 푸드 프로세서에 간 고기를 넣어 몇 번 더 짧게 갈아 준 후 사용하세요.
3. 완성된 미트볼 반죽은 랩을 씌워 냉장고에 넣고 2시간 이상 숙성합니다.
4. 숙성한 반죽을 원하는 크기로 떼어 동그랗게 빚습니다.
5. 양파는 얇게 슬라이스합니다.
6. 볼에 캐슈너트를 담고 뜨거운 물을 잠길 만큼 부은 뒤 30분 이상 두어 불립니다.
7. 믹서기에 볼에 담긴 불린 캐슈너트와 물을 전부 붓고 곱게 갈아 캐슈 밀크를 만듭니다.
8. 팬에 식용유 3큰술을 두르고 홀 스파이스 재료를 모두 넣어 가열합니다.
9. 슬라이스한 양파를 넣어 진한 갈색이 될 때까지 볶습니다.
10. 홀 토마토와 다진 마늘, 다진 생강을 넣어 나무 주걱으로 으깨듯 볶습니다.
11. 수분이 어느 정도 날아가면 파우더 스파이스 재료를 모두 넣어 센 불에서 약 30초간 볶습니다.
12. 물 300ml를 넣고 센 불에서 한 번 끓어오르면 ⑦의 캐슈 밀크와 생크림을 더해 한 번 더 센 불에서 끓입니다.
13. 끓어오르면 소금과 설탕, 호로파 잎을 넣어 간한 뒤 약한 불로 줄이고 10분간 더 끓입니다.
14. 별도의 팬을 달궈 식용유 3큰술을 두르고 ④의 미트볼을 안쪽까지 충분히 익도록 앞뒤로 노릇하게 굽습니다.
15. 접시에 카레를 옮겨 담고 생크림을 한 바퀴 뿌린 뒤 구운 미트볼과 딜을 올립니다. 마지막으로 양파 플레이크와 호로파 잎, 핑크 페퍼, 후추를 뿌립니다.

1

4

12

14

미트볼 크림 카레는 밥이 아닌 스파게티 면과 함께 즐겨도 정말 맛있답니다.

어묵 수프 카레
Fish Cake Soup Curry

추운 계절이 찾아오면 자연스레 따뜻한 국물 요리를 찾게 됩니다. 특히 다양한 부재료가 듬뿍 올라간 어묵탕이 떠오르기도 하지요.
어묵 수프 카레는, 가게의 인기 메뉴였던 치즈 어묵 카레를 수프 카레로 재해석해 만든 메뉴입니다. 어묵탕과 비슷한 구성을 하고 있지만 향신료가 듬뿍 들어가 배 속을 뜨끈뜨끈, 손끝 발끝까지도 따뜻하게 만들어 줄 거예요. 밥과 함께 먹어도 좋지만, 취향에 따라 국수나 곤약면 등을 곁들여 별미처럼 즐겨도 아주 맛있습니다.

약간 매운맛

어묵 수프 카레

INGREDIENT

육수	해물 다시팩(혹은 꽃게 1마리, 보리새우 1/2컵) 다시마 2장 대파 1대 무 1/2개 표고버섯 4개 가쓰오부시 1컵
분쇄용 홀 스파이스	카르다몸 1작은술 클로브 1작은술 통후추 1작은술
홀 스파이스	시나몬 스틱 1개 커민 시드 1작은술 월계수 잎 4장 팔각 1개 레드 칠리 3개
파우더 스파이스	코리앤더 파우더 2큰술 가람 마살라 파우더 1작은술 강황 1작은술 칠리 파우더 1/4작은술 시나몬 파우더 1/4작은술
본재료	양파 1개 간 마늘 1작은술 간 생강 1작은술 홀 토마토 150g 호로파 잎 1줌 식용유 3큰술 코코넛 밀크 400ml 소금 1작은술 설탕 2작은술 가니시용 호로파 잎, 후추 약간
토핑 (3인분 기준)	대롱 어묵(치쿠와) 3개 유부 주머니 3개 스트링 치즈 3개 곤약 1/2모 무 1/2개(육수에서 건진 것) 표고버섯 3개(육수에서 건진 것) 꽈리고추 3개 식용유 적당량

RECIPE

1. 육수용 대파는 불에 겉면이 탈 정도로 굽습니다.
2. 냄비에 물 600ml와 구운 대파를 넣고 가쓰오부시를 제외한 모든 육수 재료를 넣어 센 불에서 끓입니다.
3. 육수가 한 번 끓어오르고 나면 약한 불로 줄여 약 1시간 우려냅니다.
   TIP 이때 증발하는 양을 감안하여 물을 조금씩 더해주세요.
4. 가쓰오부시를 넣어 약 5분간 더 끓인 뒤 건더기 재료를 모두 걸러 내고 무와 표고버섯은 토핑용으로 따로 둡니다.
5. 양파는 잘게 슬라이스합니다.
6. 마른 팬을 달구고 분쇄용 홀 스파이스 재료를 모두 넣어 타닥타닥 튀는 소리가 들리고 고소한 냄새가 풍길 때까지 중간 불에서 로스팅한 후 믹서기에 넣어 곱게 갑니다.
7. 마른 팬을 다시 달구고 파우더 스파이스 재료를 모두 넣어 구수한 향이 나고 색이 짙어질 때까지 로스팅합니다.
   TIP 이때 타지 않도록 주의해 주세요.
8. 달군 웍에 식용유를 두르고 홀스파이스 재료를 넣어 가열합니다. 타닥타닥 튀면 슬라이스한 양파를 넣어 진한 갈색이 되도록 볶습니다.
9. 홀 토마토와 간 마늘, 간 생강을 넣어 수분이 날아가도록 나무 주걱으로 으깨듯 볶습니다.
10. ⑥과 ⑦의 스파이스를 모두 넣고 센 불에서 약 30초간 볶습니다.
11. ④의 육수를 모두 붓고 센 불에서 끓입니다.
12. 끓어오르면 코코넛 밀크와 호로파 잎, 소금, 설탕을 넣어 약한 불에서 30분 이상 끓입니다.
13. 토핑을 준비합니다. 대롱 어묵 가운데 빈 공간에 스트링 치즈를 끼우고 육수에서 건져낸 무와 표고버섯 그리고 곤약은 한입 크기로 썹니다. 유부 주머니는 살짝 데칩니다.
14. 별도의 팬에 식용유를 적당량 두르고 치즈를 끼운 대롱 어묵과 꽈리고추를 올려 앞뒤로 노릇하게 굽습니다.
15. 구운 대롱 어묵은 한입 크기로 썹니다.
16. 접시에 카레를 담고 준비한 모든 토핑을 올린 뒤 호로파 잎, 후추를 뿌립니다.

2

4

12

13

14

12月

December

화이트 치킨 카레
굴라시 비프 카레

화이트 치킨 카레
White Chicken Curry

눈 내리는 12월이 오면 새하얗고 따뜻한 크림 스튜가 먹고 싶어집니다. 스튜 자체가 가지는 따뜻함은 물론이고, 하얀색이라서 왠지 화이트 크리스마스에 더 잘 어울리는 모양새를 하고 있지요.
카레도 크림 스튜처럼 하얗게 만들 수 있다는 것, 알고 있나요? 비록 색깔은 아이보리색이지만 그 맛은 강렬하고, 제대로 된 향신료 카레의 맛을 자랑합니다. 게다가 강황이 들어가지 않기 때문에 치아 교정을 하는 분들도 걱정 없이 먹을 수 있는 카레이기도 해요.
화이트 치킨 카레를 먹을 땐 꼭 레몬즙을 뿌려 보세요. 그냥 카레만 먹으면 고소하고 깊은 맛이 나고, 레몬즙과 만나면 산뜻한 요거트 같은 맛이 올라옵니다. 한 가지 카레로 두 가지 맛을 즐길 수 있어요.

중간 매운맛

INGREDIENT

분쇄용 홀 스파이스	레드 칠리 8개 커민 시드 2작은술 통후추 1작은술 캐러웨이 시드 1/2작은술 카르다몸 5개 클로브 5개
홀 스파이스	시나몬 스틱 1개 머스터드 시드 1작은술 월계수 잎 4장 레드 칠리 5개
마리네이드용 파우더 스파이스	코리앤더 파우더 2큰술 시나몬 파우더 1작은술 칠리 파우더 1/4작은술 소금 1/4작은술 후추 1/4작은술
본재료	닭다리살 200g 닭가슴살 200g 양파 1개 캐슈너트 100g 호로파 잎 1줌 다진 마늘 1큰술 다진 생강 1큰술 플레인 요거트 100g 코코넛 오일 3큰술 식용유 3큰술 생크림 400ml 뜨거운 물 300ml(불림용 제외) 레몬 1/2개 분량의 즙 소금 1작은술 설탕 1큰술 가니시용 고수, 딜, 핑크 페퍼, 후추 약간 가니시용 레몬 1/4개

RECIPE

1. 닭다리살과 닭가슴살은 한입 크기로 썹니다.
2. 볼에 닭다리살과 닭가슴살을 담고 마리네이드용 파우더 스파이스 재료와 플레인 요거트를 넣어 골고루 버무린 뒤 냉장고에 넣어 1시간 이상 숙성합니다.
3. 양파는 잘게 다집니다.
4. 또 다른 볼에 캐슈너트를 담고 잠길 만큼 뜨거운 물을 부어 30분 이상 불린 후 믹서기에 물과 캐슈너트를 모두 옮겨 담고 곱게 갈아 캐슈 밀크를 만듭니다.
5. 달군 팬에 분쇄용 홀 스파이스 재료를 모두 넣어 중간 불에서 로스팅합니다.
6. 고소하고 매운 향이 올라오면 불을 끄고 믹서기에 옮겨 살짝 갑니다.
   TIP 이때 너무 곱게 갈면 카레의 흰색이 연출되지 않으니 굵은 고춧가루 정도가 적당해요.
7. 달군 팬에 코코넛 오일을 두르고 홀 스파이스 재료를 모두 넣어 가열합니다.
8. 타닥타닥 튀는 소리가 나면 다진 양파를 넣고 투명한 상태에서 살짝 노르스름해질 정도로만 볶습니다.
9. ④의 캐슈 밀크를 넣고 꾸덕꾸덕한 상태가 되도록 수분을 날립니다.
10. ⑥의 갈아 둔 스파이스와 다진 마늘, 다진 생강, 레몬즙을 넣어 센 불에서 약 30초간 볶습니다.
11. 분량의 뜨거운 물 300ml를 넣어 센 불에서 끓입니다.
12. 한 번 끓어오르면 생크림과 호로파 잎, 소금, 설탕을 넣어 간합니다.
13. 별도의 팬에 식용유를 두르고 마리네이드한 닭고기를 넣어 앞뒤로 노릇하게 굽습니다.
    TIP 속까지 익도록 완벽하게 굽지 않아도 됩니다.
14. ⑫의 카레에 구운 닭고기를 넣어 중간 불에서 끓입니다. 한 번 끓어오르고 나면 약한 불로 줄여 약 10분간 더 끓입니다.
15. 접시에 카레를 옮겨 담고 고수와 딜을 올립니다. 핑크 페퍼와 후추를 뿌리고 가니시용 레몬을 짜서 즙을 뿌립니다.

2

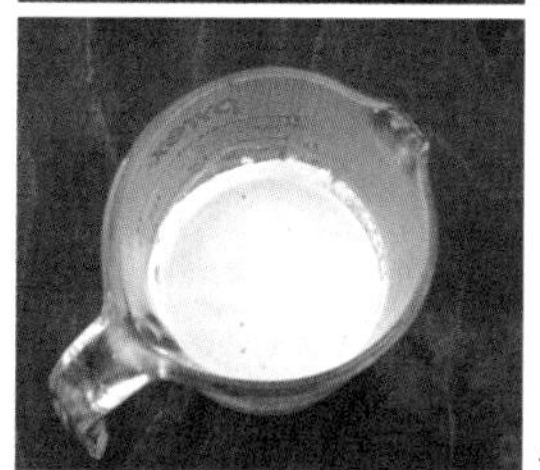
4

8

9

14

굴라시 비프 카레
Goulash Beef Curry

한겨울이면 생각나는 추억의 음식이 있습니다. 대학생 때 학교 정문 앞에 헝가리의 전통 음식, 굴라시를 전문으로 판매하는 가게가 있었어요. 소고기와 당근이 듬뿍 들어간 따뜻하고 매콤한 스튜를 저렴한 가격에 먹을 수 있어 친구들과 자주 갔었지요. 가게는 사라졌지만, 이 맛을 기억하는 친구들과 종종 굴라시 이야기를 하곤 합니다. 국내에선 굴라시를 판매하는 곳을 찾기 힘들어 더욱 추억에 젖게 하지요.
이 추억의 굴라시를 소고기 토마토 카레와 접목해 만든 카레가 바로 굴라시 비프 카레입니다. 굴라시를 끓일 때 필요한 메인 향신료가 캐러웨이 시드라면, 굴라시 비프 카레는 보다 다양한 향신료를 넣어 카레답게 재해석했어요. 가게에서는 오픈 초기에 딱 한 번 판매했던 카레이지만 이 맛을 잊지 못하는 분들의 문의가 계속해서 들어올 정도예요.
밥과 함께해도 빵과 함께해도 좋으며, 크리스마스에 식탁 위에 올려도 손색이 없을 만큼 근사한 요리입니다. 냄비 가득 만들어 가족과 함께 즐겨 보세요.

약간 매운맛

굴라시 비프 카레

INGREDIENT

홀 스파이스	시나몬 스틱 1개 커민 시드 1작은술 클로브 5개 월계수 잎 5장
파우더 스파이스	코리앤더 파우더 3큰술 캐러웨이 시드(간 것) 1큰술 파프리카 파우더 1큰술 커민 파우더 1작은술 칠리 파우더 1/2작은술 강황 파우더 1/2작은술
본재료	바게트 4조각 소고기(부챗살) 400g 셀러리 10cm 홀 토마토 300g 양파 1+1/2개 감자 2개 당근 1개 피망 1개 고수 1줌 다진 마늘 1작은술 다진 생강 1작은술 토마토 페이스트 3큰술 식용유 6큰술 뜨거운 물 600ml 소금 2작은술 설탕 1큰술 밑간용 소금, 후추 약간 가니시용 생크림, 타임, 호로파 잎, 핑크 페퍼, 후추 약간

RECIPE

2

6

7

9

1. 소고기는 한입 크기로 썰어 소금과 후추로 밑간합니다.
2. 셀러리와 양파, 감자, 당근, 피망, 고수는 모두 잘게 썹니다. 홀 토마토는 적당히 으깹니다.
3. 달군 팬에 식용유 3큰술을 두르고 홀 스파이스 재료를 모두 넣어 가열합니다.
4. 타닥타닥 튀는 소리가 나면 양파를 넣어 진한 갈색이 될 때까지 볶습니다. 그 후 셀러리와 감자, 당근, 피망을 넣어 센 불에서 5분간 볶습니다.
5. 으깬 홀 토마토와 다진 마늘, 다진 생강을 넣어 수분이 날아갈 정도로 볶습니다.
6. 파우더 스파이스 재료를 모두 넣고 센 불에서 약 30초간 볶습니다.
7. 별도의 냄비에 식용유 3큰술을 두르고, 밑간한 소고기를 넣어 앞뒤로 노릇해질 때까지 굽습니다.
   TIP 카레에 넣어 푹 끓일 것이라 완벽하게 익히지 않아도 됩니다.
8. 냄비에 ⑥의 카레 페이스트와 토마토 페이스트, 소금, 설탕과 함께 분량의 뜨거운 물을 넣고 중간 불에서 끓입니다.
9. 한 번 끓어오르면 잘게 썬 고수를 넣은 뒤 약한 불로 줄여 약 1시간 정도 충분히 끓입니다.
   TIP 물이 줄어들면 중간에 조금씩 보충해 주세요.
10. 접시에 카레를 옮겨 담고 생크림과 호로파 잎, 핑크 페퍼, 후추를 뿌린 뒤 바게트와 타임을 올립니다.

고수를 먹지 못한다면 이탈리안 파슬리를 대체해 사용하세요.

번외
番外

양배추 피클
당근 라페
마살라 차이
밴드렉
차이 그래놀라

양배추 피클
Cabbage Pickle

가게를 오픈했던 날부터 지금까지 쭉 함께하고 있는 유일한 밑반찬입니다. 카레와 잘 어울리는, 은은한 향신료 향이 돋보이는 양배추 피클입니다. 채소나 향신료는 취향에 따라 가감해도 좋습니다. 개인적으로는 셀러리나 코리앤더 시드를 더한 것을 좋아합니다. 레몬이나 유자 등 여러 시트러스 과일들의 제스트를 활용해 나만의 피클을 만들어 보세요.

INGREDIENT

월계수 잎 1줌
시나몬 스틱 1개
통후추 1큰술
양배추 1/2개

단촛물 재료

물 1컵
식초 1/2컵
설탕 1/2컵
소금 1큰술

RECIPE

1. 양배추는 한입 크기로 썰어 줍니다.
2. 피클 보관 용기에 월계수 잎과 시나몬 스틱, 통후추와 함께 썰어 둔 양배추를 넣습니다.
3. 냄비에 단촛물 재료를 넣고 센 불에서 끓이다 보글보글 끓기 시작하면 바로 불을 끕니다.
4. 끓인 단촛물을 보관 용기에 바로 붓고 한 김 식힌 후 냉장 보관해 하루 숙성한 뒤 먹습니다.

당근 라페
Carrot Rappe

카레와 무난하게 잘 어울리는 채소 반찬이라서, 양배추 피클 다음으로 추천하는 레시피입니다. 피클과 비슷하지만 끓이지 않아도 되고, 당근의 단맛을 돋보이게 하는 방법이기에 설탕 또한 들어가지 않습니다. 특히 고수와의 조화가 좋은 당근 라페, 카레와도 함께 꼭 먹어 보세요.

INGREDIENT

당근 2개
올리브유 10큰술
홀그레인 머스터드 또는 머스터드 시드 1큰술
레몬 1개 분량의 즙
화이트 와인 비네거 5큰술
소금 3꼬집

RECIPE

1. 당근은 채칼로 얇게 채 썰어 줍니다.
2. 볼에 채 썬 당근을 담고 소금을 뿌려 잘 버무린 후 약 10분간 둡니다.
3. 올리브유와 홀그레인 머스터드, 레몬즙, 화이트 와인 비네거를 넣어 골고루 버무립니다.
4. 보관 용기에 담고 냉장 보관해 두고 먹습니다.

마살라 차이
Masala Chai

차이chai는 인도에서 즐겨 마시는 밀크티입니다. 하루에 몇 잔이고 마시기 때문에, 인도의 길에서는 즉석에서 차이를 끓여 파는 차이왈라(차이를 만들어 파는 사람이라는 뜻의 힌디어)들을 쉽게 볼 수 있지요.
국내에도 밀크티 열풍이 불고 난 후 꾸준히 밀크티를 찾는 사람들이 있습니다. 차이는 일반적인 밀크티와 달리 주로 아쌈만을 이용해 끓이며, 생강을 비롯한 향신료를 더하는 것이 특징입니다. 또한 우유를 넣은 후에도 센 불로 끓이기 때문에 뜨거운 데다 맛도 진하고, 마신 뒤 온몸이 따뜻해지는 경험을 할 수 있습니다.

INGREDIENT (1잔 기준)

생강 1톨
우유 150ml
카르다몸 2개
클로브 3개
통후추 3개
시나몬 스틱 1개
팔각 1개
아쌈 CTC 1큰술
비정제 설탕 또는 코코넛 설탕 1~2큰술

RECIPE

1. 생강은 껍질을 벗기고 얇게 저미듯 썰어 줍니다.
2. 카르다몸과 클로브, 통후추는 절구에 넣어 가볍게 빻아 주세요.
3. 큰 냄비에 물 200ml와 아쌈, 생강, ②에서 빻은 스파이스와 시나몬 스틱, 팔각을 넣고 센 불에서 5분 이상 끓입니다.
4. 향신료가 충분히 우러나면 설탕과 우유를 넣어 다시 5분 이상 끓입니다.
   TIP 우유가 끓어 넘치지 않도록 불 조절에 유의하며 넉넉한 냄비를 쓰세요.
5. 체에 걸러 잔에 따라 냅니다.

밴드렉
Bandrek

밴드렉은 인도네시아에서 즐겨 마시는 레몬 생강차입니다. 일반적인 레몬 생강차와 달리, 훨씬 산뜻하고 진한 것이 특징입니다. 평소에 레몬 생강차를 즐겨 먹었거나, 건강을 위해 생강차를 마시고 싶지만 좀 더 맛있게 먹고 싶었던 분들은 꼭 만들어 보길 바랍니다.

INGREDIENT (1잔 기준)

생강 2톨
레몬그라스 1/2개
시나몬 스틱 1개
카르다몸 3개
클로브 3개
카피르 라임 잎 3장
판단 잎 적당량(생략 가능)
레몬 1/2개 분량의 즙
꿀 또는 코코넛 슈거 1~2큰술

RECIPE

1. 생강은 껍질을 벗기고 얇게 저밉니다.
2. 카르다몸은 한 번 빻아서 씨앗이 나오도록 합니다.
3. 레몬그라스는 굵은 밑동 부분을 칼의 손잡이 부분으로 한 번 두드려 주세요.
4. 냄비에 물 300ml와 설탕을 제외한 모든 재료를 넣고 센 불에서 5분 이상 끓입니다.
5. 생강을 비롯한 향신료 맛이 충분히 우러났다면 꿀 또는 코코넛 슈거를 넣어 1분 더 끓입니다.
6. 체에 걸러 잔에 따라 냅니다.

차이 그래놀라
Chai Granola

그래놀라는 넣는 재료에 따라 얼마든지 쉽게 다양한 맛을 연출할 수 있습니다. 향신료를 사랑하는 사람들은 그래놀라에도 다양한 향신료를 넣지요. 일반적으로 그래놀라를 구울 때 기본적으로 들어가는 시나몬을 제외하고도 다양한 향신료를 색다르게 써 보고 싶은 분들에게 추천합니다. 은은하게 퍼지는 향신료의 향이 정말 고소하고 고급스러워요.

INGREDIENT

파우더 스파이스

시나몬 파우더 1+1/2작은술
생강 파우더 1작은술
카르다몸 파우더 1작은술
클로브 파우더 1/4작은술
후추 1/4작은술
소금 2꼬집

롤드 오트 3컵
코코넛 슬라이스 1/2컵
아몬드, 피칸, 캐슈너트 등 취향의 견과류 1컵
건포도, 건블루베리, 건파파야 등 취향의 건과일 1/2컵
코코넛 오일 1/3컵
꿀 1/2컵

RECIPE

1. 오븐을 180도로 예열합니다.
2. 냄비에 코코넛 오일과 꿀, 그리고 파우더 스파이스 재료를 모두 넣어 중약불에서 끓이다 보글보글 끓어오르면 바로 불을 끄고 한 김 식혀 향신료 시럽을 만듭니다.
3. 큰 볼에 롤드 오트와 코코넛 슬라이스, 견과류를 넣고 ②의 향신료 시럽을 부은 뒤 잘 섞어 줍니다.
4. 오븐 팬에 유산지를 깔고 ③을 고르게 잘 펼친 뒤 예열한 오븐에 넣어 약 30~40분간 굽습니다.
   TIP 타지 않도록 중간중간 뒤적여 주세요.
5. 오븐에서 꺼낸 그래놀라에 건과일을 더해 섞으면 완성입니다.

열두 달 향신료 카레

1판 1쇄 펴냄 2022년 6월 20일
1판 3쇄 찍음 2025년 3월 18일

지은이 김민지

편집 김지향 길은수 최서영
교정교열 윤혜민
디자인 온마이페이퍼
사진 한정수
스타일링 김지현
미술 김낙훈 한나은 김혜수 이미화
마케팅 정대용 허진호 김채훈 홍수현 이지원 이지혜 이호정
홍보 이시윤
저작권 남유선 김다정 송지영
제작 임지헌 김한수 임수아 권순택
관리 박경희 김지현 박성민

펴낸이 박상준
펴낸곳 세미콜론
출판등록 1997. 3. 24. (제16-1444호)
06027 서울특별시 강남구 도산대로1길 62
대표전화 515-2000 팩시밀리 515-2007
편집부 517-4263 팩시밀리 515-2329

ISBN 979-11-92107-60-8 13590

세미콜론은 민음사 출판그룹의
만화·예술·라이프스타일 브랜드입니다.
www.semicolon.co.kr

엑스 semicolon_books
인스타그램 semicolon.books
페이스북 SemicolonBooks